裂隙网络－管道双重介质水流运动规律研究

张春艳　束龙仓　张帅领
吴光东　赵贵章　张　珍　著

LIEXI WANGLUO - GUANDAO
SHUANGCHONG JIEZHI SHUILIU
YUNDONG GUILÜ YANJIU

U0238102

中国水利水电出版社
www.waterpub.com.cn
·北京·

内 容 提 要

本书主要围绕裂隙网络-管道双重介质水流的运动规律开展相关研究，全书共 5 章：第 1 章概述，介绍了本书研究背景及意义、国内外研究现状与发展趋势、研究内容与技术路线；第 2 章室内物理模型的设计，介绍了闭合平行单裂隙物理模型、复杂单裂隙物理模型、裂隙网络-管道双重介质物理模型模拟试验系统。第 3 章单裂隙水流运动特征研究，介绍了裂隙水头损失测量试验装置、裂隙流与管道流特性识别、闭合平行单裂隙水流特征研究、复杂单裂隙水流运动特征研究；第 4 章裂隙网络-管道双重介质水流运动特征研究，介绍了室内物理模型模拟、试验方案、水头分布分析、落水洞水位变化研究、落水洞水位变化公式推导、无落水洞条件下管道水头变化研究；第 5 章结论与展望。

本书可供水利水电岩土地质及相关部门科技工作者参考使用，也可供高等院校相关专业师生参考。

图书在版编目（CIP）数据

裂隙网络-管道双重介质水流运动规律研究 / 张春艳
等著. -- 北京 ： 中国水利水电出版社，2019.11
ISBN 978-7-5170-8213-2

Ⅰ．①裂… Ⅱ．①张… Ⅲ．①裂隙介质－水流动－研究 Ⅳ．①TV131.2

中国版本图书馆CIP数据核字(2019)第253938号

书　　名	**裂隙网络-管道双重介质水流运动规律研究** LIEXI WANGLUO - GUANDAO SHUANGCHONG JIEZHI SHUILIU YUNDONG GUILÜ YANJIU
作　　者	张春艳　束龙仓　张帅领　吴光东　赵贵章　张　珍　著
出版发行	中国水利水电出版社 （北京市海淀区玉渊潭南路 1 号 D 座　100038） 网址：www.waterpub.com.cn E-mail：sales@waterpub.com.cn 电话：（010）68367658（营销中心）
经　　售	北京科水图书销售中心（零售） 电话：（010）88383994、63202643、68545874 全国各地新华书店和相关出版物销售网点
排　　版	中国水利水电出版社微机排版中心
印　　刷	天津嘉恒印务有限公司
规　　格	184mm×260mm　16 开本　11.5 印张　238 千字
版　　次	2019 年 11 月第 1 版　2019 年 11 月第 1 次印刷
定　　价	**98.00 元**

前 言
FOREWORD

我国西南地区喀斯特地貌区域水资源短缺和生态环境脆弱问题一直受到国家和地方政府的高度重视。开展西南地区喀斯特石漠化发展过程中的地下水运动规律研究，可以为解决该地区水资源短缺问题和石漠化治理工作提供理论支撑，有利于保障我国生态安全和推动西部开发进程。由于岩溶含水系统的高度非均质性和各向异性，使得岩溶含水系统的水动力循环过程非常复杂。传统的水文地质方法，如水文地质物探、水文地质钻探等只能探测到易探测区的有限深度；示踪技术可提供水流的流经时间和管道连通性等方面的信息。但上述方法不能准确获取管道的几何特征，同时，抽水试验也不能提供完全可靠的有效信息。而利用裂隙网络-管道双重介质室内物理模型进行岩溶水动力过程研究，可以根据需求设置不同的水文情景、介质结构等试验条件，为开展岩溶含水系统水动力过程研究提供基础。

本书通过裂隙网络-管道双重介质物理模拟模型试验，对水流运动开展研究，利用双重介质模型对裂隙网络-管道结构进行模拟；采用准确数据采集和监测技术对双重介质的水动力过程进行可视化实时监测；研究双重介质水流对不同水文情景以及含水层结构特征的响应变化等关键技术。同时，采用室内物理试验、理论分析以及数值模拟等手段得到以下结论：建立了用于裂隙网络-管道双重介质水流运动特征研究的可视化自动化裂隙网络-管道双重介质物理试验模型，研制了双重介质水流运动特征的试验系统，该系统可以通过设置落水洞的有无、模型倾角的有无、开度的大小以及泉口大小来设置双重介质不同的介质结构特征；揭示了落水洞水位以及底部管道水头对补给强度、含水层初始饱和厚度、模型倾角以及泉口大小的响应变化，建立了相应的数学模型，并进行了验证；测量了不同开度的裂隙水头损失，根据试验结果对裂隙流和管道流进行了识别，并利用有限元软件对裂隙水流进行了数值模拟，对立方定律在闭合裂隙中的应用进行了有效性验证，提出了修正的立方定律。

本书是基于国家自然科学基金面上项目"西南岩溶裂隙-管道介质地下水流运动规律试验研究"（41172203）以及国家重点基础研究发展规划（973计

划）项目"西南喀斯特山地石漠化与适应性生态系统调控"（2006CB403200）第四课题"喀斯特地区水循环动力过程及其水文生态效应"（2006CB403204）的研究成果总结而成。本书的出版得到了华北水利水电大学高层次人才启动基金项目（40584）及国家自然科学基金面上项目"小流域尺度上包气带水分运动参数与探地雷达信号的耦合过程研究"（41372260）的资助。

本书撰写过程得到了暨南大学胡晓农教授的悉心指导；在物理试验和数据分析方面得到了闵星、柯婷婷、何萍、唐然、孙晨、吴佩鹏、范建辉、王熹、齐世鹏、张刚等人的帮助，在此表示诚挚谢意！

鉴于裂隙网络–管道双重介质水流运动的复杂性及作者水平有限，书中难免存在欠妥或谬误之处，敬请广大读者批评指正。

作者

2019 年 11 月

目 录
CONTENTS

第 1 章

概　述

1.1　研究背景及意义

我国喀斯特（又称岩溶）地貌分布广泛，岩溶区总面积约 344 万 km²，其中裸露岩溶区面积 90.7 万 km²。西南地区碳酸盐岩地层分布面积 11.4 万 km²，出露面积 78 万 km²，出露面积约占全国岩溶区总面积的 22.67%，是我国主要的岩溶区。西南四省（贵州、云南、湖南、广西壮族自治区）岩溶区地下水资源量占据了我国 25% 的地下水资源量，而水资源的开发利用率却仅有 8%～15%。贵州省位于我国西南岩溶区的中部，岩溶分布面积占全省总面积的 70% 以上，形态丰富复杂，裂隙洞穴迂回曲折，纵横交错，致使降水迅速渗漏到地下，造成很多地区工农业缺水，甚至影响居民生活用水。因此，开展研究和探索岩溶含水系统水流运动规律，具有重要意义。该地区岩溶多重介质环境性质独特，具有以下特点：

（1）岩溶作用强烈，地表、地下岩溶形态多重组合，构建了岩溶多重介质环境承灾脆弱的基础。

（2）降水丰沛，降水历时长、强度大。岩溶多重介质环境内广泛发育岩溶地下水系统，下垫面透水性强，岩溶地下水系统多以地表江河为排泄基准，致使岩溶多重介质环境内岩溶水文过程分为地表和地下两大部分。通常地下水文过程占主导地位，致使旱涝灾害交替发生。

（3）岩溶地貌景观奇特。多类峰体、多级洼地、多层次化洞穴、谷地、平原等形态组合复杂，类型多样，致使岩溶多重介质环境内滑坡、岩体崩塌时有发生。

（4）碳酸盐岩质地较纯，不溶成分少，成壤能力低，土壤层薄而贫瘠，且分布零星。因特殊的地质、水文和气候组合，岩溶多重介质环境中，"水-土-岩"呈多元结构，大多互为分层、相互独立，造成石多水少，水源漏失，致使水土流失和石漠化加剧。

岩溶含水系统是一个复杂系统，含水介质通常由管道暗河、大裂隙、微小裂隙、孔隙等多重空隙构成，具有高度的非均质性和各向异性，水动力参数呈现出显著的尺度效应。孔隙达西流、裂隙流、地下暗河的管道流等多相水流混合，水流运动极其复杂，因此抽水试验等传统的水文地质调查方法难以准确掌握其中的水流运动规律。物理模型可以根据岩溶地区的气象水文、水文地质等条件随意设置不同的水文情景及不同的内部空隙结构特征，逐渐成为研究岩溶含水系统的有力工具。本书基于国家重点基础研究发展规划（973 计划）项目"喀斯特地区水循环动力过程及其水文生态效应"（2006CB403204）的第四课题，在对贵州后寨地下河气象水文、水文地质条件现场调查分析及前人研究所提出的后寨河流域水文地质概念模型，建立裂隙网络–管道双重介质室内物理试验模型；并结合国家自然科学基金项目"西南岩溶裂隙–管道介质地下水流运动规律试验研究"（41172203），利用自主研发的裂隙网络–管道双重介质物理模型，根据野外岩溶地区不同的水文地质条件，设计 3 种不同的水文情景（补给大于排泄，补给等于排泄，补给小于排泄），不同的含水层结构特征（3 个不同含水层倾角，6 个不同泉口大小，落水洞的有无）以及不同的含水层初始饱和状态（主要指含水层初始饱和厚度），来研究裂隙网络–管道双重介质水流运动特征。本书的研究成果可为解决喀斯特地区水资源短缺和石漠化治理工作提供理论支撑，从而推动多重介质水流运动规律的理论发展。

1.2 国内外研究现状与发展趋势

1.2.1 裂隙水流运动特征研究进展

一般而言，裂隙水流运动可以用纳维–斯托克斯方程（Navier – Stokes Equations，简称 N – S 方程）来描述。对于不可压缩黏性液体，非稳定流状态下，以矢量形式表示的 N – S 方程为

$$\vec{f} - \frac{1}{\rho} \nabla p + \vartheta \, \nabla^2 \vec{u} = \frac{\partial \vec{u}}{\partial t} + (\vec{u} \cdot \nabla) \vec{u} \tag{1-1}$$

式中　　ρ——流体密度；

　　　　p——压力；

　　　　ϑ——流体运动黏度；

　　　　$\vec{u}$——流速矢量；

　　　　t——时间；

　　　　$\vec{f}$——质量力；

　　　　∇——梯度算子。

其中，等号左侧为外力项，依次为：质量力项、压力项、黏性力项；等号右侧为加速度项，依次为当地加速度和迁移加速度。

由 N – S 方程解的复杂性，在进行实际工程问题计算时，往往要借助于高速、大容量计算机，限制了方程的应用。为此，许多研究者按照水流运动实际情况，对 N – S 方程进行了不同程度的简化。

（1）第一程度简化。第一程度的简化将 N – S 方程简化为斯托克斯方程。简化条件为：惯性力可以忽略，即流速较小，黏性力占主导地位，雷诺数 Re 较小，此时，

N-S方程可简化为

$$\vec{f} - \frac{1}{\rho} \nabla p + \vartheta \, \nabla^2 \vec{u} = \frac{\partial \vec{u}}{\partial t} \tag{1-2}$$

式（1-2）称为斯托克斯方程或者蠕动流方程。对于斯托克斯方程的具体应用条件，众多研究者进行了侧重面不同的研究。惯性力与黏性力之比可以用 Re 来表达，Re 小意味着黏滞力的作用大，对液流质点运动起抑制作用，Re 小到一定程度，水流呈层流状态；反之，水流呈紊流状态。对于单裂隙而言，Re 计算式为

$$Re = \frac{\rho l_v U_i}{\mu} \tag{1-3}$$

式中　l_v——黏性力的特征长度；

　　　U_i——惯性力的特征流速；

　　　μ——动力黏滞系数。

对于具有矩形过水断面的闭合单裂隙而言，U_i 为流经裂隙的流量 Q 与过水断面 bW 之比，故对应于具有矩形过水断面闭合单裂隙的 Re 计算式为

$$Re = \frac{\rho b Q}{\mu b W} = \frac{\rho Q}{\mu W} = \frac{\rho b v}{\mu} \tag{1-4}$$

式中　W——裂隙宽度；

　　　b——裂隙开度。

对于光滑闭合平行单裂隙，由式（1-4）计算的判别层流、紊流流态的临界雷诺数为 1200。

Sharp，Iwai 以及 Schrauf 利用野外裂隙样本通过实验室试验分析得到，当 Re 大于 1～10 的某个数值时，惯性力不可以忽略不计。

Schrauf，Hasegawa 利用扰动分析对裂隙开度按正弦变化的裂隙进行了一维模拟，提出利用斯托克斯方程估算 N-S 方程计算裂隙渗流量的修正系数，该修正系数与正弦裂隙开度 b 的振幅 A、波长 $\wedge b$ 以及 Re 有关。Zimmerman 提出当 $Re(b)/\wedge b < 8$ 时，惯性力对渗流量修正系数的影响最高达 10%。

（2）第二程度简化。虽然与 N-S 方程相比，斯托克斯方程有了很大程度的简化，但是三维斯托克斯方程的解仍然非常复杂，实际情况中很少被应用。于是，众多研究者对斯托克斯方程进行了进一步的简化，即对 N-S 方程进行了第二程度的简化。简化条件为裂隙面起伏变化平缓，裂隙开度变化不大，那么垂直于裂隙面的流速分量可忽略不计（即 $u_n = 0$），黏滞力主要表现为垂直于裂隙面的剪切力（$\nabla^2 \vec{u} \approx \partial^2 \vec{u}/\partial n^2$），假设裂隙面垂直于 z 轴，由此得出二维斯托克斯方程：

$$\mu \frac{\partial^2 u}{\partial z^2} - \nabla p = 0 \tag{1-5}$$

联合裂隙面处流速为零方程，式（1-5）可进一步写成：

$$\nabla \cdot \left(\frac{gb^3}{12\vartheta} \nabla p \right) = 0 \qquad (1-6)$$

式（1-6）称为局部立方定律（Local Cubic Law，LCL），同时也是雷诺方程（Reynolds Equation）的一种简化形式（裂隙面静止，运动黏度为常数）。雷诺方程假设流速分布呈抛物线形分布，即著名的泊肃叶定律（Poiseuille Law）。假设水流沿 x 轴流动，设 x 轴位于两裂隙面的中间（即 $z = \pm \frac{b}{2}$）处，因此沿 x 轴方向的流速分布为抛物线分布，即

$$u_x = -\frac{1}{2\mu} \frac{\partial p}{\partial x} \left[\left(\frac{b}{2} \right)^2 - z^2 \right] \qquad (1-7)$$

大量学者对于雷诺方程的适用条件从理论、数值模拟以及试验等方面进行了研究。

1991 年，Zimmerman 等提出当 Λb 至少是 σ_b 的 5 倍时，由局部立方定律估计斯托克斯方程的误差最大为 10%。1996 年，Zimmerman 和 Bodvarsson 指出当 $Re < 1$ 时惯性力可忽略。2000 年，Zimmerman 和 Yeo 发现当 Λb 是 b 的 2.6～3.3 倍时，由局部立方定律估计斯托克斯方程的误差最大值为 10%。

Koyama 等利用有限元仿真软件 COMSOL Multiphysics 对二维粗糙裂隙分别应用 N-S 方程和雷诺方程进行了裂隙流稳态模拟，得出利用雷诺方程模拟得到的裂隙渗流量超出利用 N-S 方程所得裂隙渗流量的 5%～10%，并且在粗糙裂隙中抛物线形的流速分布不再适用。

Brown 等，Zimmerman 和 Bodvarsson，Ge 指出如果想维持抛物线形的流速分布（即垂直于裂隙面的水力坡度可忽略不计），裂隙张开度的均值和方差必须比裂隙张开度变化的特征长度小得多。

1991 年，Glass 等利用激光轮廓测定法和光吸收法对尺度为 30cm×15cm 的模型裂隙进行了裂隙张开度测量。并指出雷诺方程模拟得到的水力开度大约等于由试验测得的平均开度。1993 年，Reimus 等对尺度为 11.6cm×10.4cm 的野外裂隙样本做了研究。研究结果表明，由雷诺方程模拟得到的水力开度远远大于由试验测得的平均开度。1999 年，Nicholl 等对粗糙裂隙中雷诺方程的适用性进行了研究，结果表明，由雷诺方程模拟得到的水力传导度和由试验测得的水力传导度偏差达到 22%～47%；同时指出用三维描述粗糙裂隙水流的重要性。

（3）第三程度简化。对 N-S 方程进行第三程度的简化，简化条件为两裂隙面光滑且平行分布（即 $u_y = u_z = 0$），则三维的流体流动可概化为一维流动，设流体沿 x 轴流动，则沿 x 轴方向的裂隙渗流量为

$$Q = Cb^3 J \qquad (1-8)$$

式中　Q——裂隙间的流量；

b——裂隙开度；

J——水力坡度；

C——常数。

式（1-8）由于流量 Q 与裂隙开度 b 的三次方呈正比，故称为立方定律（Cubic Law）。

对于直线流，常数 C 可表达为

$$C = \left(\frac{w}{L}\right)\left(\frac{\rho g}{12\mu}\right) \qquad (1-9)$$

由式（1-8）和式（1-9），可得裂隙渗流量方程为

$$Q = \frac{W\rho g b^3}{12\mu L}J \qquad (1-10)$$

式中　W——裂隙宽度；

L——裂隙开度；

ρ——流体密度；

g——重力加速度；

μ——动力黏度。

对于径向流，常数 C 可表达为

$$C = \frac{2\pi}{\ln\left(\dfrac{r_e}{r_w}\right)}\frac{\rho g}{12\mu} \qquad (1-11)$$

式中　r_e、r_w——裂隙面的外径和内径。

裂隙渗流量又可表达为

$$Q = Wbv \qquad (1-12)$$

而水力坡度与水头损失之间的关系为

$$J = \frac{h_f}{L} \qquad (1-13)$$

式中　J——水力坡度；

v——裂隙间的水流流速；

h_f——水流流经裂隙时的水头损失。

将式（1-12）、式（1-13）代入式（1-10），得到层流状态下开放平行裂隙中立方定律的另一种表达形式为

$$h_f = \left(\frac{12\mu}{\rho g}\right)\left(\frac{L}{b_2}\right)v \qquad (1-14)$$

式（1-14）表明，恒温条件下，水流流经开放平行光滑裂隙时的水头损失与水流流速呈线性关系。

　　由于立方定律形式的简洁性，大量学者习惯用立方定律来描述裂隙水流运动，但是由于立方定律有很大的局限性（适用于层流状态下，平行、光滑、开放裂隙中的水流），为此，国内外许多学者对立方定律进行了验证，并根据自己的研究对象和成果提出了修正立方定律的不同形式。

　　1951 年，Lomize 利用平行开放玻璃板模拟裂隙，验证了层流状态下立方定律的有效性，同时 Lomize 研究了光滑裂隙面、粗糙裂隙面以及不同形状的裂隙面组合（上下裂隙面呈波状变化上下对称，上下裂隙面呈波状变化上下吻合）对裂隙渗流的影响，并提出了层流和紊流状态下相应的裂隙渗流量计算式。

　　层流：

$$q = \frac{q\,\overline{e}^3}{12\vartheta} \frac{1}{1+6\left|\dfrac{\Delta}{\overline{e}}\right|^{1.5}} J \tag{1-15}$$

　　紊流：

$$q = \overline{e}\sqrt{gJ\,\overline{e}}\left|2.6+5.11g\left|\dfrac{2\Delta}{\overline{e}}\right|^{-1}\right| \tag{1-16}$$

式中　　q——单宽流量；

　　　　Δ——裂隙粗糙度；

　　　　$\overline{e}$——裂隙平均开度。

　　1966 年，Romm 对微裂隙（$10\sim100\mu m$）和极微裂隙（$0.25\sim4.3\mu m$）进行了试验研究，研究结果表明立方定律在微裂隙及极微裂隙中都是有效的，同时作者指出裂隙开度小至 $0.2\mu m$ 时，立方定律仍然适用。

　　1969 年，Louis 独立进行了与 Lomize 相似的试验并得到了与 Lomize 得出的公式形式类似但系数不同的裂隙渗流量计算式。

　　层流：

$$q = \frac{g\,\overline{e}^3}{12\vartheta} \frac{1}{1+8.8\left|\dfrac{\Delta}{2\overline{e}}\right|^{1.5}} J \tag{1-17}$$

　　紊流：

$$q = 4\,\overline{e}\sqrt{gJ\,\overline{e}}\,lg\left|1.9\left|\dfrac{\Delta}{2\overline{e}}\right|^{-1}\right| \tag{1-18}$$

　　1970 年，Sharp，1972 年 Sharp 和 Maini 基于裂隙有效开度提出了经验流量公式，对立方定律提出了质疑，并指出立方定律中的指数"3"应该为"2"。基于以上观点，1975 年，Gale 指出如果按照实际研究的裂隙开度来计算裂隙渗流量，立方定律仍然是适用的。

　　1976 年，Iwai 利用室内试验研究了裂隙接触面积对裂隙渗流的影响，提出渗流量计算式。

$$\frac{Q}{Q_0} = \frac{1-\omega}{1+\varphi\omega} \tag{1-19}$$

式中　　Q——对应于接触面积率为 ω 时的流量；

　　　　Q_0——对应于 $\omega=0$ 时的流量；

　　　　ω——裂隙面面积接触率；

　　　　φ——经验系数。

之后 1981 年，Walsh 模仿热传导理论提出 $\varphi=1$。1996 年，周创兵通过数学推导得到 $\varphi=0$。

1985 年，Barton 通过大量试验提出节理粗糙度系数法 JRC 修正立方定律，将等效水力开度 b_h 与力学开度 b_m 联系起来，$b_h=JRC^{2.5}/\left(\dfrac{b_m}{b_h}\right)^2$，用 b_h 代替立方定律中的开度即可得到修正立方定律，该方法的关键点在于如何获取节理粗糙度系数 JCR，计算式为

$$q = \frac{1}{JRC^{7.5}}\frac{gb_m^6}{12\vartheta} \tag{1-20}$$

1980 年，Witherspoon 等验证了不同的裂隙面类型（花岗岩、玄武岩、大理石），不同裂隙开度（$4\sim250\mu m$）条件对立方定律有效性的影响，研究结果表明，立方定律在裂隙开度为 $4\sim250\mu m$ 的裂隙中仍然有效，且与裂隙面类型无关，同时 Witherspoon 等提出可以由裂隙面特征系数（f，其数值在 $1.04\sim1.65$ 之间）来表征所研究裂隙与理想裂隙之间的差别，并用 $\dfrac{C}{f}$ 代替式（1-8）中的常数 C 来计算所研究裂隙的渗流量。

1981 年，Neuzil 提出裂隙开度密度分布函数 $n(b)$ 修正法，该方法假设裂隙开度沿垂直水流方向变化，而沿水流方向不变，通过数学推导得到裂隙渗流量表达式为

$$Q = \Delta H \cdot C \cdot \int_0^\infty b^3 n(b)\mathrm{d}b \tag{1-21}$$

1981 年，Tsang 考虑了裂隙样品尺寸效应的影响，将式（1-21）推广到二维裂隙面情况，并得到裂隙渗流量表达式为

$$Q = \Delta H \frac{C}{f}\langle b^3\rangle, \langle b^3\rangle \geqslant \frac{\int_0^{b_{max}} b^3 n(b)\mathrm{d}b}{\int_0^{b_{max}} n(b)\mathrm{d}b} \tag{1-22}$$

如果裂隙开度函数是已知的，则可以直接用裂隙开度函数来修正，但是在实际情况中，裂隙的开度函数是很难量测的，因此，Elsworth 和 Goodman 提出用标准正弦曲线或锯齿形曲线近似表征裂隙壁面的几何形状，然后根据裂隙壁面发生压缩或错位的程度得到裂隙开度函数。由于裂隙开度函数的难获得性，这一方法较为有效。

1994 年，Amadei 和 Illangasekare 以数值方法生成的粗糙裂隙为研究对象，利用数值计算得到裂隙面渗流的经验公式为

$$q = \frac{g\,\bar{e}^3}{12\vartheta} J\; \frac{1}{1 + 0.6\left(\dfrac{\sigma_e}{\bar{e}}\right)^{1.2}} \tag{1-23}$$

1995 年，速宝玉以人工粗糙面裂隙为研究对象进行室内物理模型试验，在 Lomize 和 Louis 研究结果的基础上提出了裂隙面的渗流公式为

$$q = \frac{g\,\bar{e}^3}{12\vartheta} \frac{J^m}{1 + 1.2\left(\dfrac{\Delta}{\bar{e}}\right)^{-0.75}} \tag{1-24}$$

$$m = 1.0 - 0.5\exp\left(-2.31\frac{\Delta}{\bar{e}}\right)$$

$$\Delta = \frac{1}{\Delta}\sum_{i=1}^{N} \mid h_i - H \mid$$

式中　h_i——测点高程；

　　　H——平均高程。

1997 年，王媛等对粗糙裂隙渗流特性进行了数值模拟，提出对于张开裂隙，可以近似用平均开度代替等效水力开度，但是对于有部分接触的裂隙则不能进行简单的代替，而是要用式（1-19）来计算。

2000 年，潘国营和韩星霞以裂隙开度为 2~8mm 的 3 种不同粗糙程度的人工缝隙（光滑、中粗、粗糙）为研究对象，利用室内模拟试验，研究了水流流态对水流运动方程的影响，研究结果表明，当 Re 超出 200~700 时，水流流速与水力坡度之间呈非线性关系，立方定律不成立。

2003 年，许光祥等首次提出超立方（裂隙单宽流量与平均开度之间的方程幂指数大于 3）和次立方（裂隙单宽流量与平均开度之间的方程幂指数小于 3）的概念，并通过试验来研究超立方定律和次立方定律是否存在，结果表明超立方定律和次立方定律在粗糙裂隙的渗流中可能同时存在。其认为超立方定律和次立方定律的初步判别标准为：壁面为吻合粗糙的裂隙流符合次立方定律，壁面为非吻合粗糙的裂隙流符合超立方定律。

2006 年，张柬等选取天然裂隙岩体为研究对象进行试验研究，并对试验数据进行了拟合，单宽流量与平均开度之间、单宽流量和裂隙面相对粗糙度之间的拟合公式分别为

$$q = c\,\bar{e}^m$$

$$q = c\,\frac{1}{1 + a\delta^d} \tag{1-25}$$

式中　m——取值为 2.64～3.55；

　　　a——取值为 7.1～41.4；

　　　d——取值为 −3.1～3.5。

同时张崬等研究结果表明，天然岩体裂隙的渗流不完全符合立方定律，并证实了超立方定律和次立方定律的存在。单宽流量与裂隙面相对粗糙度之间存在正相关（$b > 0$）和负相关（$b < 0$）两种情况。

2010 年，卢占国等利用自制的裂隙介质试验装置，对张开度为 $50 \sim 300 \mu m$ 的平行裂隙进行了一系列流动试验研究，得到了粗糙平行裂隙单宽流量经验公式及非线性渗流开始时的临界速度公式为

$$q = \frac{1}{12\mu} b^3 \frac{1}{1 + 2.792 \delta^{-0.027}}$$

$$v_c = \frac{\frac{\mu}{k} - 0.360 k^{-1.08}}{36.079 k^{-1.08}} \qquad (1-26)$$

$$k = \frac{lb^3}{12A} \frac{1}{1 + 2.792 \left(\frac{e}{d}\right)^{-0.027}}$$

式中　k——裂隙渗透率；

　　　l——裂隙长度；

　　　A——裂隙截面面积；

　　　v_c——临界流速。

综上所述，裂隙中的水流运动可以用 N-S 方程来描述，但是由于该方程解的复杂性以及对计算机性能的高要求，使得其应用受到限制。于是众多研究者按照水流运动实际情况，对 N-S 方程进行了 3 种不同程度的简化：第一程度的简化适用于流速较小时的斯托克斯方程；第二程度的简化适用于裂隙面起伏变化平缓，裂隙开度变化不大，流速较小时的雷诺方程；第三程度的简化适用于 2 个光滑平行面间流速不大的流体的立方定律。对 N-S 方程简化为斯托克斯方程，研究者主要从 Re 出发，研究了其适用条件。对斯托克斯方程进一步简化为雷诺方程，研究者基于裂隙张开度从理论、数值模拟以及试验等方面研究了其适用条件，相对于立方定律适用条件的研究，对斯托克斯方程和雷诺方程适用条件的研究者相对较少，这不仅是因为立方定律表达的简洁性，而且因为立方定律的广泛应用性。综合国内外研究成果，研究者对立方定律的适用条件，主要从裂隙开度分布函数修正法、裂隙开度函数直接修正法、裂隙壁面粗糙性修正系数修正法、节理粗糙度系数修正法、面积接触率等方面进行了研究，并基于各自的研究对象提出了立方定律的修正形式。然而，以往的研究者绝大多数注重于开放裂隙中立方定律的应用，而在实际野外地区，完全开放的裂隙（2 个裂隙面

组成）是不存在的；相反，闭合裂隙（4 个裂隙面组成）广泛存在。针对这一问题，本书对过水断面为矩形的闭合平行裂隙中立方定律的有效性进行研究，提出以极限流速以及极限雷诺数 $Re_{\lim}$ 来衡量立方定律是否适用，基于研究成果提出了适用于闭合平行裂隙的修正立方定律，并对裂隙流的水力特性进行了研究，该研究不仅对以往的理论研究进行了一定补充，而且为裂隙网络–管道双重介质水流运动特征的研究提供理论支撑。

1.2.2 管道水流运动特征研究进展

19 世纪初，科学工作者就已经发现圆管中液体流动时水头损失和水流流速之间有一定关系。直到 1883 年由于雷诺的试验，才使人们认识到水头损失与水流流速间的关系，是因为实际水流运动存在两种流态——层流和紊流，并提出将 Re 作为判别水流流态的依据。Re 的物理意义可理解为惯性力与黏滞力之比，惯性力占主导地位，则 Re 较大；黏滞力占主导地位，则 Re 较小。经过对圆管的反复试验，提出以下判别标准：

层流：
$$Re = \frac{vd}{\upsilon} < 2320$$

紊流：
$$Re = \frac{vd}{\upsilon} > 2320$$

式中　d——圆管直径，m；

　　2320——圆管中的临界 Re；

　　v——水流流速，m/s；

　　υ——运动黏滞系数，$\mathrm{m^2/s}$。

描述圆管流沿程水头损失与水流流速关系的达西–魏斯巴赫公式为

$$h_f = \lambda \frac{l}{d} \frac{v^2}{2g} \tag{1-27}$$

式中　h_f——圆管中的沿程水头损失；

　　λ——沿程水头损失系数；

　　l——圆管长度；

　　d——圆管直径；

　　v——圆管中水流流速；

　　g——重力加速度。

该公式对于层流、紊流均适用。

1933 年，Nikurades 用试验系统地揭示了人工粗糙管沿程水头损失系数的变化规律，发表了圆管流情况下的试验结果。为了确定沿程水头损失系数 λ 随 Re 和相对粗糙度$\frac{\Delta}{d}$的变化规律，Nikurades在圆管内壁粘贴上经过筛分、具有相同粒径Δ的砂粒，以制成人工均匀粗糙壁面，然后在不同相对$\frac{\Delta}{d}$的管道上进行试验。该试验全面揭示了不同流态情况下λ、Re、$\frac{\Delta}{d}$的关系，试验得到λ的变化规律如下：

（1）对于层流，λ仅仅是Re的函数，试验与理论均表明$\lambda=\frac{64}{Re}$。

（2）对于紊流分为3种情况：①紊流光滑区，λ仅仅是Re的函数，即$\lambda=\lambda(Re)$，且$\lambda\propto Re^{-\frac{1}{4}}$；②紊流过渡粗糙区，$\lambda$是$Re$和$\frac{\Delta}{d}$的函数，即$\lambda=\lambda(Re,\frac{\Delta}{d})$；③紊流粗糙区，$\lambda$仅仅是$\frac{\Delta}{d}$的函数，$\lambda=\lambda(\frac{\Delta}{d})$。

赵坚等（2005）在研究常用的圆管水流计算理论及经验公式后提出计算管道紊流条件下λ的改进方法。赵坚和赖苗提出由于临界区（指紊流和层流之间的临界区）的水流运动规律至今尚未研究清楚，为简化计算，将其并入紊流区。得到的管道沿程水头损失系数λ的计算公式为

$$\text{紊流}（Re\geqslant2320），\qquad \lambda=\left[1.14-2\lg\left(\frac{V}{d}+\frac{21.25}{Re^{0.9}}\right)\right]^{-2} \qquad (1-28)$$

式（1-27）是一个适用于求解紊流3个区沿程水头损失系数λ的公式，它与达西-魏斯巴赫公式一起，可以分别计算出圆管水流四个分区（层流区、光滑紊流区、紊流过渡区和紊流粗糙区）中的沿程水头损失系数λ。

其他研究者对管流运动的研究，如Burman和Hanbo成功地应用斯托克斯方程和N-S方程描述了管道流运动。

综上所述，研究者对管道流的研究主要集中在过水断面为圆形的管道水流水力特性，而在众多相关资料中提到过水断面为矩形的管道流和裂隙流，对于管道流和裂隙流的区分大多是以开度为依据，裂隙开度较小，管道开度较大，即使有些研究中给出了裂隙和管道开度的划分范围，也并没有给出充足的划分依据。本书针对这一问题，基于水头损失测量结果，对比立方定律及达西-魏斯巴赫公式，对裂隙流和管道流的水力特性进行了识别，并分别用不同的水流运动方程进行描述。

1.2.3 岩溶含水系统水流运动特征研究进展

20世纪50—60年代，物理模型模拟被广泛应用于解决地下水问题中。70年代以后，随着计算机技术快速发展及广泛应用，物理模型模拟逐渐被数值模拟所替代。20世

纪 90 年代以来，岩溶水问题不断受到关注，为了研究岩溶水的水流运动机理，岩溶含水系统的物理模型模拟重新受到部分学者的重视，并取得了一些研究突破。本书从物理模型模拟试验法和数值模拟法两方面介绍岩溶含水系统水流运动特征的研究进展。

1.2.3.1　物理模型模拟试验法

目前对岩溶含水系统的物理模型模拟研究主要集中在两个方面：水箱物理模型和多重介质物理模型。1988 年崔光中等利用等效水箱模型对北山矿区岩溶水系统的补给和排泄区两个子系统之间的水力通道进行了模拟。1996 年，李文兴和郭纯青基于相似原理建立了岩滩水电站板文地下河系的水箱物理模型，并介绍了改变模型结构和不改变模型结构的两种模型的预报效果。1997 年，李文兴和王刚建立了广西环江县北山铅锌黄铁矿区岩溶系统的模拟模型，应用 6 种不同的管道切换模式，对岩溶水系统进行了模拟。1999 年，李耀祥等建立了白龙滩水电站库区岩溶区的水箱物理模型，其中，水能输送单元由大管道加阻力元件模拟，阻力元件等效模拟岩溶管道阻力，管道切换模拟岩溶系统的交叉管道，模型中水能存储单元用物理水箱模拟，模拟结果与实际情况基本相符。1996 年，耿克勤和陈凤翔在一套特制的岩石裂隙渗流试验装置上系统地研究了不同几何形态的裂隙在不同应力、应变条件下的水力特性，探讨了渗透系数与隙宽、剪切变形、几何形态、应力条件、加卸载条件的关系，并得出了各种不同情况下的试验数据拟合方程式。1997 年，张祯武和吕文星通过室内模拟和野外例证相结合的方法，利用示踪探测识别技术建立了在岩溶区识别管流场与分散流场的方法。2002年，王恩志等在室内利用混凝土砌块来构筑裂隙网络，通过压力传感器测量水头及直接观测浸润线，获得不同工况的渗流场分布状况，设定不同的边界水位和有无降雨入渗对裂隙中渗流的影响进行了试验，验证了裂隙网络三维渗流数值方程。2004 年，陈崇希等针对具有典型意义的河床下水平井或傍河垂直井地下水流问题进行砂槽物理模型模拟，并基于渗流-管流耦合模型和等效渗透系数的数值方法仿真模拟了此条件下地下水流的运动规律，该方法在井孔-含水系统中井孔问题的处理上向实际应用跨上了一个新台阶。2008 年，沈振中等研制了光滑管道和裂隙交叉的水力特性室内试验模型。采用正交试验设计方法安排试验，研究管道和裂隙不同交叉、不同渗流水力特性及裂隙开度、管道直径及进水水头对试验结果的影响。2009 年，Faulkner 等利用物理模型模拟了孔隙-管道介质中的渗流与管流耦合试验，并在此基础上运用数值模型对物理模型模拟结果进行了模拟。2010 年，季叶飞等利用 Amfield 公司生产的 BHS 系统（Basic Hydrology System）对裸露型岩溶区裂隙-管道地下径流衰减规律，覆盖型岩溶区土壤达西流、裂隙管道水流转化规律，地表径流、土壤达西流、裂隙-管道地下径流三者在覆盖型岩溶区和不同覆盖厚度条件下的转化关系进行了物理模型模拟试验。2014 年钱坤等设计了模拟岩溶顶板和岩溶土洞塌陷的大型砂槽物理模型试验平台，并利用此模型探讨了岩溶灾害形成及发育机理，揭示了降雨和抽水对岩溶塌陷的诱发作用。

综上所述，岩溶含水系统的物理模型研究主要集中在两个方面：水箱物理模型和多重介质物理模型。多重介质模型主要有渗流-管流物理模型，单裂隙-单管道交叉物理模型，孔隙-裂隙-管道物理模型（BHS 系统），由于受到物理模型制作、试验操作以及经费时间等的限制，物理模型在岩溶含水系统中的应用并不十分广泛，因此，裂隙网络-管道双重介质物理模型的研制十分必要。

1.2.3.2　数值模拟法

岩溶含水系统内岩溶发育的不连续性、非均质性和各向异性使得系统内部结构极其复杂，加之野外勘探资料的不足，使得很难完全认识岩溶含水系统的内部结构，获取研究所需的水文地质参数，这也是造成目前岩溶含水系统模拟方法多样性的原因。岩溶含水系统水流运动规律和数值模拟方法是近几十年国内外学者广泛关注的问题。目前岩溶含水系统的数值模拟方法主要有 3 种：经验模型、概念模型和分布式模型。

1. 经验模型

经验模型又称为黑箱模型，1956 年，Ashby 对"黑箱"方法作了精辟的阐述。所谓"黑箱"是一种系统，人们可以得到这种系统的输入值和输出值，但是得不到关于系统内部结构的任何信息。应用于岩溶含水系统，黑箱模型忽略方程的空间维度，不考虑含水层内部的结构特征和特性，直接建立系统输入（降雨）-输出（泉流量）之间的响应关系，两者之间的关系一般由线性核函数建立。但是，岩溶含水系统更趋近于非线性系统，因此非线性核函数也用来进行泉流量的预测。常用的黑箱模型主要有统计回归模型、灰色理论模型、人工神经网络、自适应神经模糊推理系统等。1999年，Wicks 和 Hoke 利用黑箱模型，模拟了岩溶地下盆地中地下水流运动和溶质运移。2003 年，Jukic 等采用两个核函数来研究岩溶泉流量过程，分别用来描述含水层内部的快速流和慢速流对降雨的反应，这种模拟方法可以很好地改进线性核函数对泉流量后期基流的模拟精度。2003 年，Scanlon 等基于集总参数模型，利用 1989—1998 年的流量监测数据进行拟合，得到了较好的模拟结果。2008 年，Hu 等利用人工神经网络模型模拟了岩溶泉排泄与降雨量的关系。2010 年，Kurtulus 和 Razack 利用神经网络模型成功模拟了法国西南部 600km² 的岩溶含水系统。

经验模型不考虑岩溶含水介质的内在结构，只需要获取系统输入-输出的响应关系，该方法概念简单，易于实施，因此该方法适用于缺乏野外勘探资料的泉流量模拟预测。尽管该模型可以在一定程度上认识降雨和补给的响应关系，但该方法无法用来研究岩溶含水系统的内部水动力场，从而难以揭示岩溶含水系统中的水流运动规律。

2. 概念模型

概念模型也称为灰箱模型或者水箱模型，概念模型需要对岩溶含水系统内部结构和水文过程有一定的认识，然后将系统内部结构或者水文过程概化为不同的水箱，通过一定的方式连接起来。

在概念模型中，假设水箱的出口流量 Q 与水箱内水位 H 或者水箱水量储存量 V 呈一定的比例关系

$$Q=KH^n \text{ 或 } Q=KV^n \tag{1-29}$$

式中　K——水箱系数；

　　　n——水箱指数。

该水箱由 Maillet 提出，被广泛应用于岩溶含水系统模型的建立。当 $n>1$ 时，表示该水箱无压流的流量过程；当 $n<1$ 时，表示该水箱承压流的流量过程；当 $n=1$ 时，水箱流量与水箱内水位或水箱水量储存量呈线性关系。

岩溶含水系统概念模型的建立有 3 种划分方法：①按照径流过程划分为快速流和慢速流两个水箱，水箱间根据含水系统内径流过程采用并联或串联的方式进行连接；②根据含水系统内部不同的储水空间划分为裂隙水箱和管道水箱；③系统垂直结构划分为土壤水箱、表层岩溶带水箱和饱水带水箱几个部分。

1988 年，Arikan 假设水箱系数为水箱水位的函数，并且两个水箱系数之间呈指数衰减，该方法充分考虑了岩溶含水系统的渗透率和孔隙度随深度指数衰减的特性。1991 年，Bonacci 和 Bojanic 基于不同的水箱结构和虹吸管道解释了间歇性岩溶泉流量动态。1997 年，Barrett 和 Charbeneau 利用 4 个水箱串联来模拟 Edward 含水层中的 Barton 泉，4 个水箱分别代表含水层中 4 条地表河流对含水层地下水的补给。2009 年，Jukic 和 Deni 以克罗地亚的 Jadro 泉为研究对象，将该岩溶含水系统划分为 3 层：土壤层、表层岩溶带、包气带-潜水带，其中表层岩溶带又划分为储水水箱和调蓄水箱。2011 年，Tritz 等利用水箱系数修正法来反映岩溶含水系统中潜水带上部区域渗透性随含水量变化和地下水径流的迟滞现象。

相比于黑箱模型，岩溶含水系统概念模型对系统内部结构和水文过程有初步的认识，不需要详尽的内部结构和水文地质参数资料，有更为广阔的应用前景，适用于绝大部分的岩溶含水系统。

3. 分布式模型

分布式模型是岩溶地下水资源评价、地下水流态研究最常用的方法。由于分布式

模型需要详尽的水文地质参数来获取含水系统的水动力机制和水文过程，因此，该模型可以很好地反映岩溶含水系统的非均质性和物理水文过程。然而水文地质参数在岩溶地区极难获得，而且岩溶含水系统中达西流、非达西流共存，使得分布式模型的建立极其困难。

岩溶含水系统的分布式模型首先对系统进行概化，在此过程中需要对系统的初始条件、边界条件、系统参数等进行分析，建立概化模型，然后利用质量和动量守恒原理建立相应的数值模拟模型。目前应用于岩溶地区的分布式模型主要有离散介质模型、多孔介质模型。

离散介质模型是将岩溶系统概化为离散裂隙网络模型或离散管道网络模型。离散裂隙网络模型最早由 Wittke 和 Louis 提出。由于流体在岩体中的流动非常缓慢，流速很小，因此离散裂隙网络模型忽略岩石基质的透水性，假设水流只在裂隙中流动。地下水在单个裂隙中的流动采用立方定律，但是立方定律仅适用于裂隙层流流动，因此离散裂隙模型不能刻画岩溶含水系统中大裂隙中的紊流流动。该模型适用于裂隙较多、管道可以忽略的岩溶含水系统。离散管道网络模型忽略岩溶含水系统中水流在裂隙和岩石基质中的流动，以及管道与裂隙之间的水量交换，含水系统被概化为管道网络。在此模型中，地下水在管道中的流动或呈层流流动，或呈紊流流动。当水流呈层流流动时，一般采用哈根-泊肃叶公式计算，当水流呈紊流流动时，一般采用达西-魏斯巴赫公式、曼宁公式或者谢才公式计算。离散管道网络模型适用于以管道为主的岩溶含水系统。1990 年，Cacas 等利用圆管代替裂隙渗流路径，并以圆管导水率作为基本参数，建立了离散裂隙管道网络模型。1992 年，Dverstorp 等利用离散裂隙网络模型对 Stripa 地区裂隙含水介质中的溶质运移现象进行了模拟，假设裂隙中的水流运动存在于离散方法形成的圆形或者方形管道里。1995 年，仵彦卿对二维裂隙网络稳定流和非稳定流模型进行了总结和研究。1997 年，仵彦卿指出岩块处于近乎隔水状态时，岩体中的渗流可看作为裂隙网络流；并基于岩体裂隙网络渗流场、应力场以及它们之间的相互力学关系，提出了岩体渗流场与应力场耦合的裂隙网络模型及数值计算方法。1997 年，速宝玉等通过大量交叉裂隙水流的模型试验，建立了交叉裂隙水流局部水头损失理论模式，并基于模型试验结果与理论模式的相关性分析，确定了理论模式的修正系数。1999 年，Dershowitz 和 Fidelibus 利用一维管道构成的三维网络，并利用边界单元法研究管网的导水率，对三维裂隙网络水流运动做了进一步的分析。2006 年，陈雰提出了考虑管道与裂隙交叉局部水头损失的改进折算渗透系数法，对饱和非稳定岩溶渗流场有限元计算程序 KARSTCNPM 进行了改编，建立了相应的数值模型。

多孔介质模型包括等效多孔介质模型、双重介质模型、三重介质模型。

等效多孔介质模型是基于达西定律将整个岩溶含水系统（包含空隙介质、裂隙介质和管道介质）概化为均质的多孔介质含水层。Snow 等众多学者对此做过大量的研究，取得了一定的成果。

双重介质模型首先由 Barenblatt 于 1960 年提出。该模型由孔隙性较好而导水性较弱的孔隙系统和孔隙性较差而导水性较好的裂隙系统共同组成，渗流场中的每一点都有两个水头值，即由孔隙系统决定的水头值和由裂隙系统决定的水头值；岩体的渗透率比孔隙率小几个数量级，裂隙的渗透率比孔隙率大几个数量级；假设裂隙和孔隙岩块都为均质且各向同性。该模型的主要缺点是不能反映裂隙系统及其中水流各向异性的特点。为此，1963 年，Warren 和 Root 在此模型的基础上对裂隙系统的几何特性和渗透特性增加了新的限制，建立了广义的双重介质模型，他们认为被裂隙所划分的各岩块包含的孔隙系统是均质且各向同性的；裂隙系统是均质的、正交的、相互连通的，渗透主轴与每一方位裂隙相平行；水流仅在裂隙介质中流动，孔隙介质仅仅作为储水体，裂隙介质和孔隙介质之间的水量交换是以拟稳态的形式进行的。该模型的缺点在于只能应用于均质的正交裂隙网络。1984 年，Khaled 等基于有限元数值方法求解了双重介质模型方程组，推动了等效双重介质模型的发展，但是该模型并没有深入探究裂隙和孔隙介质之间的渗流机理，很难得到两者之间的水交换方程。1987 年，Streltsova 在前人研究的基础上，考虑了裂隙介质和孔隙介质之间的水量交换，得到了含裂隙水头和孔隙水头的连续方程，又将孔隙水头进行了简化，推导得到了只含裂隙水头的连续性方程。1992 年，夏日元和郭纯青提出单元网络模拟方法，利用大单元块段和管道网络分别代表相对均匀的裂隙化区域及非均匀分布的管道，其运动规律分别用渗流运动规律及管流运动表达，进行耦合求解，介绍了处理线性流与非线性流运动规律的方法。2000 年，Fujio 提出将流体力学引入孔隙-裂隙双重介质中，利用 N－S 方程和连续性方程为控制方程。2002 年，Cornaton 和 Perrochet 将孔隙权重法引入了等效双重介质模型，用水量交换系数和储水系数描述介质间的水量交换，该方法对于高度非均质系统具有较好的模拟效果。2008 年，吴世艳等基于有限元-卷积结合法，利用裂隙-孔隙双重介质数值模型对山西娘子关附近的岩溶地下水流系统进行了模拟，并指出相对于等效多孔介质模型，双重介质模型模拟的水位下降速度更小，达到稳定的时间更长。2009 年，董贵明等建立了渗流与水平井流耦合数学模型，主要针对混合水头损失问题，进行了渗流与水平井流耦合数值计算，分析了层流和紊流下不同的摩擦系数修正方法对计算结果的影响，结果表明粗糙紊流时，不同的摩擦系数修正方法对结果影响较大。2012 年，Kordilla 等利用双重介质模型，模拟了流域尺度岩溶含水系统的饱和与非饱和地下水流。

一些学者认为岩溶含水系统由三重介质，即管道介质、裂隙介质以及基质构成，地下水在三重介质中流动，三者之间存在水量交换。1986 年，Abdassah 和 Ershaghi 认为岩溶含水系统由两种不同的基质系统（孔隙基质和微裂隙基质）和一个裂隙系统

（开度较大的裂隙和管道系统）组成。1987 年，Jalali 和 Ershaghi 提出双裂隙三重介质模型，认为岩溶含水系统由一种基质系统（孔隙系统）和两种裂隙系统（微裂隙、较大裂隙和管道）组成。1995 年，陈崇希提出折算渗透系数的概念，建立了岩溶三重空隙（孔隙、裂隙、管道）介质地下水流的控制方程，引出管道与裂隙在达西流与非达西流状态下的渗透系数与折算渗透系数的表达式，从而将达西流与非达西流耦合在一个模型中。1998 年，成建梅和陈陆希以广西环江北山矿区岩溶含水系统为研究对象，将折算渗透系数的概念应用于该地区管道-裂隙-孔隙三重介质地下水流模型，该模型较全面地刻画了岩溶水动态的特征，反映了相对均匀裂隙流与控制性管道流并存、线性流与非线性流相互转变的运动特点。2003 年，潘国营等把岩裂隙划分为起主导渗流作用的宽大裂隙、起储水作用的中小裂隙和孔隙以及位于煤层底板起垂向突水通道作用的裂隙、钻孔等，建立了主干裂隙-裂隙岩块-突水管道三重空隙介质渗流模型，并将其应用于焦作演马煤矿岩溶水疏降流场模拟，模拟结果表明该模型能真实地刻画岩溶裂隙水运动的各向异性和不连续性特征。2004 年，姜媛媛等利用折算渗透系数的概念，建立了某枢纽坝区管道-裂隙-孔隙三重介质地下水渗流模型，计算结果表明三重介质模型较真实地刻画了岩溶地区地下水渗流的特征。2005 年，赵坚等一方面从 Colebrook 公式出发，提出了改进折算渗透系数法，该方法使岩溶管道水流与孔隙、裂隙水流统一起来；另一方面将岩溶管道的渗透系数表示成待求水头和流态指数的函数，使岩溶管道中的非达西流与其他介质中的达西流统一起来，提出了变渗透系数法。2008 年，束龙仓等借助室内试验装置，模拟了结构不均匀的岩溶三重介质的出流过程，对流量衰减过程进行了分析。2011 年，董贵明等建立了西南岩溶地下河孔隙-裂隙-管道三重介质模型，并给出了数值模型中方程和空间离散方式及模型的求解方法，将其应用于贵州省后寨地下河子系统水流运动模拟，模型拟合相对误差为 12.2%，表明该模型达到了许可的精度范围，可应用于地下河系统的模拟预测。

等效多孔介质-管道模型为模拟岩溶含水系统相对比较理想的模型，这是由于岩溶含水系统中的地下水主要在裂隙和管道中流动。等效多孔介质-管道模型中，管道系统和裂隙系统采用不同的单元进行模拟，管道单元镶嵌或者叠加在裂隙系统单元中。1976 年，Kiraly 和 Morel 提出了一种等效多孔介质-管道模型，该模型综合了等效连续介质模型和离散介质模型，同时考虑了基质和管道的透水性。管道作为三维介质中的一维或者二维管道处理。2011 年，Hu 认为该模型的计算使得基质中的水流流速和水头比实际偏大。该模型对管道中的水流流动仅考虑为层流，而在实际中，管道中的水流多为紊流，这在一定程度上限制了该模型在实际岩溶含水系统中的应用。另一个应用比较广泛的等效多孔-管道模型为 CAVE（Carbonate Aquifer Void Evolution）模型，该模型基于有限差分法，同时考虑管道中的层流和紊流，当管道水流为层流时采用达西定律，当管道水流为紊流时采用达西-魏斯巴赫公式计算。为处理管道紊流方程与裂隙系统达西流方程的差异，该模型通过流量边界耦合，将管道单元叠加于裂隙单元之上，水量交换与裂隙和管道的水头差呈正比。2008 年，Shoemaker 等在 CAVE 模型的基础上加入了管道流模块 MODFLOW - CFP 模型。该模型已被广泛应用于岩溶含水系统的模拟，并取得了较好的效果。2008 年，Kuniansky 等利用 MODFLOW - CFP 模型中的 CFPM2 模块模拟了紊流条件下水力坡度与流量之间的非线性关系，并与试验数据做了对比，结果表明，CFPM2 模块可以很好地模拟紊流对水头分布和流量的影响。2008 年，Shoemaker 等利用 MODFLOW - CFP 模型对美国佛罗里达南部一岩溶含水系统进行了数值模拟，研究了紊流对水头及参数灵敏度的影响。2010 年，Hill 等将 MODFLOW - CFP 模型中的 CFPM1 模块应用于佛罗里达中西部一个岩溶含水系统，并将模拟结果与基于 MODFLOW - 2005 模型的等效连续介质模型做了对比。2011 年，Gallegos 分别将 MODFLOW - CFP 模型和 MODFLOW 模型应用于试验室孔隙-管道双重介质模型和实际地区岩溶含水系统的模拟，并将模拟结果做了对比分析。在试验室尺度下，MODFLOW - CFP 模型优于 MODFLOW - 2005 模型模拟结果，但是在野外实际岩溶区，在描述峰值方面，MODFLOW - 2000 模型模拟结果要优于 MODFLOW - CFP 模型。

基于以上内容，对数值模拟法在岩溶含水系统水流运动特征方面的应用进行总结，岩溶含水系统的数值模拟方法主要有三种：经验模型、概念模型以及分布式模型。经验模型方法虽然概念简单，易于实施，但是缺乏对岩溶含水介质内在结构的考虑，比较适用于缺乏野外勘探资料的泉流量模拟预测，可是该方法无法用来研究岩溶含水系统内部水系统动力场，从而难以揭示岩溶含水系统中的水流运动规律。相比于经验模型，概念模型对系统内部结构和水文过程有初步的认识，但是仍然不足以用来揭示岩溶含水系统中的水流运动规律。分布式模型需要详尽的水文地质参数来获取含水系统的水动力机制和水文过程，因此，该模型可以很好地反映岩溶含水系统的非均质性和物理水文过程。分布式模型中的离散介质模型忽略岩石基质的透水性，在裂隙较多、管道可以忽略的地区可以采用离散裂隙模型进行模拟，在管道为主的岩溶含水系统，可以采用离散管道模型进行模拟。双重介质模型认为岩溶含水系统由孔隙系统和裂隙系统组成，忽略了管道的作用，而管道是降水补给泉流量的主要通道，对地下水流场的影响较大。于是有专家提出了等效多孔介质-管道模型，对管道系统和裂隙系统采用不同的单元进行模拟，该模型为模拟岩溶含水系统较为理想的模型，但是由于分布式模型需要详尽的水文地质参数，且水文地质参数在岩溶地区极难获得，从而限制了该模型在岩溶含水系统中的应用，使得分布式模型的建立极其困难。

1.3 研究内容与技术路线

1.3.1 研究内容

本书结合相关课题研究成果，针对西南岩溶含水系统采用自行研制的裂隙网络-管道双重介质室内物理试验模型以及相应的数值模型研究岩溶含水系统的水流运动规律。主要研究内容如下：

（1）物理模型研制。物理模型包括不同裂隙开度及裂隙宽度的闭合平行单裂隙物理模型（11个）、不同折角不同裂隙开度的半交叉单裂隙（30个）以及裂隙网络-管道双重介质物理模型系统，裂隙网络-管道双重介质物理模型系统。其中，裂隙网络-管道双重介质物理模型系统包括降雨补给系统，岩溶含水层模拟系统，排泄系统以及数据监测采集系统。

（2）单裂隙水流运动特征研究。利用自行设计研制的试验装置，研究了单裂隙或者单管道水头损失对开度以及水流流速的响应关系，基于立方定律以及达西-魏斯巴赫公式，对裂隙、管道水流特征进行了识别，并着重对裂隙水流特征进行了研究，主要研究了立方定律在闭合单裂隙中的有效性验证及修正。

（3）稳定流和非稳定流条件下裂隙网络-管道双重介质水头变化特征研究。利用裂隙网络-管道双重介质模型，设计不同的水文情景、不同介质空隙结构特征以及含水层倾角进行模拟，综合分析裂隙网络-管道双重介质水头变化特征，着重分析了落水洞水位以及管道水头对补排关系、模型倾角以及泉口大小的响应变化，并建立了落水洞水位（管道水头）关于补给强度、排泄强度以及泉口大小的函数关系式。

1.3.2 技术路线

本书在综合已有研究成果及参考相关资料的基础上，建立了裂隙网络-管道双重介质物理模型，并设计合理可行的试验方案，包括不同水文情景的设计，介质空隙结构设置等；在获取试验数据后，综合水文地质学、水力学、流体力学及数值分析等学科的理论知识，进行具体分析；对裂隙网络-管道双重介质的水流进行研究。本书所采用的技术路线如图1-1所示。

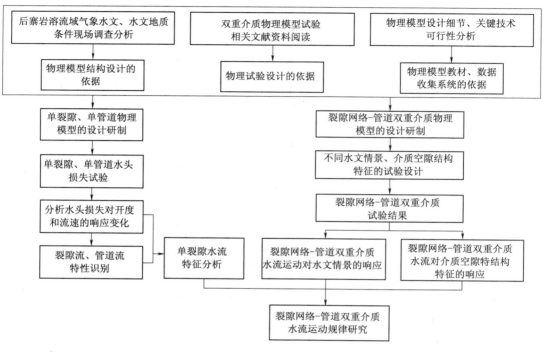

图 1-1 技术路线图

第 2 章

室内物理模型的设计

物理模型试验在研究岩溶含水系统水流运动规律方面有着不可替代的作用。众多研究者对单裂隙及交叉裂隙的水流运动规律做了大量的试验研究，并取得了一定的研究成果。虽然裂隙网络-管道双重介质物理模型更符合野外实际情况，但是由于双重介质物理模型搭建困难、试验操作难度大等原因，借助裂隙网络-管道双重介质物理模型开展研究十分必要。本章主要介绍室内岩溶含水系统物理模型的设计，主要包括闭合平行单裂隙物理模型、复杂单裂隙物理模型以及裂隙网络-管道双重介质物理模型模拟试验系统。

2.1 闭合平行单裂隙物理模型

单裂隙是构成岩溶含水系统的基本单元之一，是岩溶含水系统最重要的储水空间和导水通道，因此开展裂隙水流运动对于岩溶含水系统水流运动特征的研究具有重要的意义，这是岩溶含水系统水动力过程研究的基础。以往研究主要是针对完全开放的裂隙，即有两个平行裂隙面组成的裂隙，极少有针对闭合裂隙水流运动特征进行的研究。野外地区任何一条裂隙都不可能是完全张开的，而是以闭合裂隙的形式广泛存在。基于此，本书就闭合单裂隙的水流运动特征进行研究，不仅可以补充裂隙流的相关研究，同时为裂隙网络-管道双重介质水流运动特征提供研究基础。

闭合平行单裂隙示意图及实物图分别如图 2-1 和图 2-2 所示。研究所用的闭合

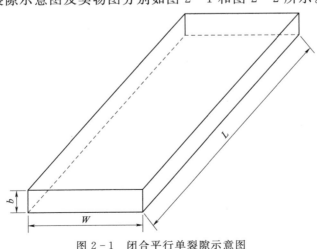

图 2-1 闭合平行单裂隙示意图

L—裂隙长度，cm；b—裂隙开度，cm；W—裂隙宽度，cm

平行单裂隙由透明有机玻璃板制成，因此可视为光滑裂隙。两组玻璃板分别平行，形成具有矩形过水断面的闭合平行裂隙。设计制作了不同裂隙开度 b、不同裂隙宽度 W 的闭合平行裂隙共 11 个，裂隙尺寸由千分尺测量，详见表 2-1。

图 2-2　闭合平行单裂隙实物图

表 2-1	闭合平行裂隙尺寸表			单位：mm
宽度 W	3			
开度 b	2.8575	1.8375	1.4635	0.9490	
宽度 W	2			
开度 b	1.9275	1.6000	1.3850	0.9670	0.8400
宽度 W	1			
开度 b	0.9900	0.6600			

2.2　复杂单裂隙物理模型

为研究角度对裂隙渗流特性的影响，设计研制了不同交叉角的复杂单裂隙。复杂单裂隙示意图及实物图分别如图 2-3、图 2-4 所示。

本书研究设计研制了不同裂隙开度 b、不同折角 β 的复杂单裂隙共 30 个，裂隙尺寸及角度信息见表 2-2。

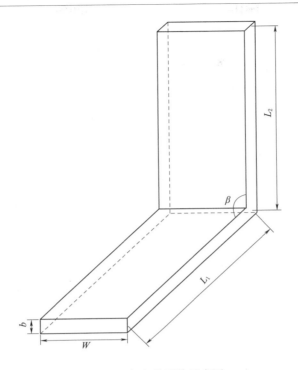

图 2-3 复杂单裂隙示意图

L_1、L_2—裂隙长度，cm；b—裂隙开度，mm；

W—裂隙宽度，cm；β—折角，(°)

图 2-4 复杂单裂隙实物图

表 2 - 2　　　　　　　　　　　复杂单裂隙尺寸综合表

角度/(°)	开度 b/mm	长度 $L_1 = L_2$/cm	宽度 W/cm
15	1.2450	10	3
15	1.7360	10	3
15	2.4975	10	3
30	1.1400	10	3
30	1.8100	10	3
30	2.5825	10	3
45	1.3780	10	3
45	1.4660	10	3
45	2.0100	10	3
45	2.1700	10	3
60	1.5875	10	3
60	1.9450	10	3
60	2.5325	10	3
90	1.2000	10	3
90	1.5200	10	3
90	2.0650	10	3
90	2.5500	10	3
105	1.2780	10	3
105	1.5635	10	3
105	2.0975	10	3
105	2.4875	10	3
120	1.2235	10	3
120	1.4935	10	3
120	1.9800	10	3
150	1.1900	10	3
150	1.9775	10	3
150	2.2225	10	3

角度/(°)	开度 b/mm	长度 $L_1=L_2$/cm	宽度 W/cm
165	1.2150	10	3
165	1.8675	10	3
165	2.4925	10	3

2.3　裂隙网络-管道双重介质物理模型模拟试验系统

　　地下水在岩溶含水介质中的运动特征取决于岩溶含水系统中空隙介质的类型和空隙的大小。贵州省后寨岩溶含水系统主要是由高渗透性、相互连通的管道、大裂隙以及低渗透性的小裂隙、孔隙介质组成，整个系统相互连通并最终以岩溶泉或地下河的形式排出。按方向分类，岩溶含水系统主要包括垂直导水通道和水平导水通道。孔隙介质和裂隙介质中水的储存量大，汇水能力较弱，调节能力强，是岩溶水的主体。管道介质储水能力差，但是汇水能力强，传导迅速。由于岩溶含水系统储水介质的复杂性，使得岩溶水流运动也非常复杂，既有广大裂隙系统中缓慢的渗流，又有较大裂隙及管道中快速集中的流动，因此该岩溶含水系统水流运动具有高度的非均质性和各向异性。

　　杨剑明等（1996）通过野外实地调查分析得出后寨岩溶含水介质的空隙度为 $3.87\%\sim14.1\%$，裂隙分为两个尺度：①层间大裂隙，开度为 $2\sim4$cm；②垂直于层间裂隙的节理小裂隙。王腊春等（2000）通过野外采集的数据分析得出后寨岩溶含水介质的管道占总储水空间的 $3\%\sim10\%$，而裂隙占总储水空间比例的 $76\%\sim93.13\%$，该区的裂隙分为 3 个规模：①大裂隙，开度为 $1\sim10$cm，频度为 14.28%；②小裂隙，开度为 $0.1\sim1$cm，频度为 55.36%；③微裂隙，开度小于 0.1cm，频度为 30.36%。杨立铮（1982）建立了后寨河冒水坑站泉流量叠加指数型衰减方程，得出溶管和溶隙构成的裂隙-管道双重介质系统是主要的储水空间，计算得到管道水占 3.2%，裂隙水占 87.19%。相关文献中通常将大裂隙称为管道，小裂隙和微裂隙统称为裂隙。管道一般在泉口处，起到导水汇水的作用，裂隙在管道周围起到储水作用。图 2-5 为贵州省后寨河流域野外现场照片。从图中可以看出，该流域储水介质主要包括层面裂隙和垂直层面裂隙。图 2-6 为贵州省后寨岩溶含水系统概念模型。从图中可以看出，后寨岩溶含水系统包括层面裂隙、垂直层面裂隙、管道和落水洞等。

　　以后寨岩溶含水系统为原型，对其做概化处理，最终得到比较理想的室内裂隙网络-管道双重介质物理模型，如图 2-7 所示。室内物理模型试验系统包括裂隙网络-管

图 2-5　贵州省后寨河流域野外现场照片

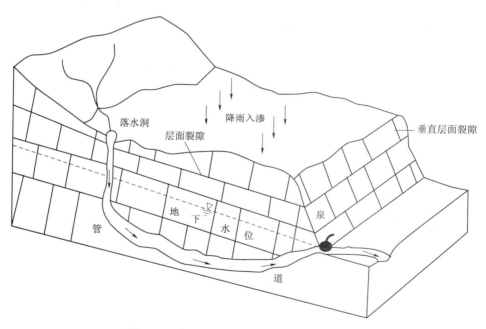

图 2-6　贵州省后寨岩溶含水系统概念模型

道双重介质模拟模型、供水装置、水头监测系统以及泉流量测量系统。裂隙网络-管道双重介质物理模拟系统示意图如图 2-8 所示。

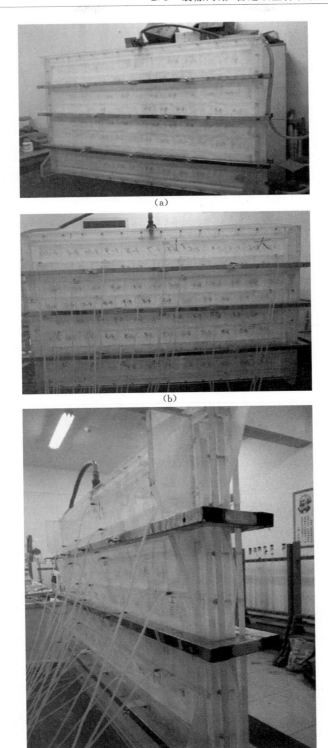

(a)

(b)

(c)

图 2-7 室内裂隙网络-管道双重介质物理模型

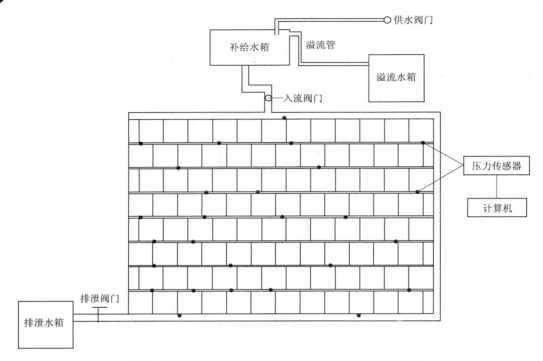

图 2-8　裂隙网络-管道双重介质物理模拟系统示意图

2.3.1　裂隙网络-管道双重介质模拟模型

　　裂隙网络-管道双重介质模拟模型由两块平行光滑透明的有机玻璃板组成，可以直观地观测到内部水流运动过程。在其中一块透明有机玻璃板上，固定有 96 块尺寸为 10cm×10cm×3cm，8 块尺寸为 10cm×5cm×3cm 相间排列的透明玻璃砖，相邻两行玻璃砖之间的空隙构成层面裂隙，层面裂隙开度均值为 5mm，共 7 条。相邻两列玻璃砖之间的空隙构成垂直层面裂隙，垂直层面裂隙开度均值为 0.12cm，每层 12 条，共 96 条。层面裂隙以及垂直层面裂隙构成了裂隙网络，裂隙网络区尺寸为 126.5cm×86.5cm×3cm。玻璃砖与另一块玻璃板之间铺有一块橡胶皮，橡胶皮与玻璃砖之间用透明胶粘合，以防止水流在裂隙和管道之外的空隙流动。两块平行玻璃板的外侧用 3 组钢条固定，防止试验过程中水压过大使装置爆裂。底部管道由模型底部预留的空隙构成，尺寸为 129.5cm×3cm×3cm。落水洞由模型右侧预留的空隙构成，尺寸为 3cm×86.5cm×3cm。装置最顶部为分散补给区，用以模拟降雨补给系统。装置的最顶端及两侧装有排气管，在降雨补给过程中可排出装置中的空气，避免空气滞留在装置中造成水流不饱和，影响试验结果。

　　在裂隙网络-管道模拟装置一侧玻璃板安装有 27 个连接管，每个连接管连接一个压力传感器，用来检测试验过程中的水头变化，水头监测点的位置如图 2-9 所示。

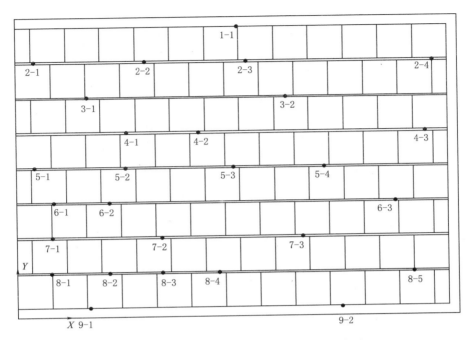

图 2-9 裂隙网络-管道双重介质模拟区示意图

2.3.2 供水装置

供水装置实物图及示意图分别如图 2-10、图 2-11 所示。供水装置不仅可以提供定水头试验条件，而且可以提供变水头试验条件。定水头试验条件由供水箱一侧的溢流管实现。降雨强度的大小可通过调节阀门开启度的大小进行调节。

2.3.3 水头监测系统

水头监测系统主要包括水头测量装置（27 只压力传感器）、信号转换装置（巡检仪）和信号输出装置（一台电脑）。27 只压力传感器不均匀的分布于裂隙网络-管道模拟区。所用压力传感器由南京宏沐科技有限公司生产，型号为 HM20-1-A1-F2-W2，测量范围为 0~100kPa，精度为 ±0.25%FS，水压 0.1cm。

首先，裂隙网络-管道模拟装置一侧装有 27 个不锈钢接口，压力传感器通过支架固定后一侧通过橡胶软管与不锈钢接口相连，另一侧与数据信号转换装置相连。压力传感器实物图、信号转换装置实物图分别如图 2-12、图 2-13 所示。不将压力传感器与试验装置直接相连是因为压力传感器接口较大，而裂隙开度不大，不方便直接连

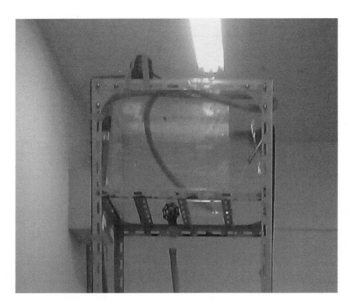

图 2-10　供水装置实物图

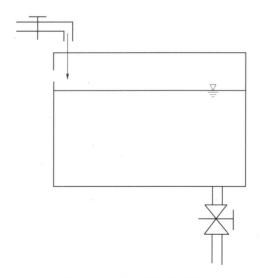

图 2-11　供水装置示意图

接。压力传感器输出的电信号通过巡检仪装置转换为数字信号，最后通过电脑以 Excel 表格的形式输出，输出的时间序列间隔最小为 1s。

采用固定水头对压力传感器进行校准，在某一个静水时刻，试验装置内水面线距地面的高度 h，此时各个压力传感器的读数分别为 x_1，x_2，…，x_n，按照静止液体内部测压管水头处处相等的原则，静水水位与压力传感器读数之间的函数关系为

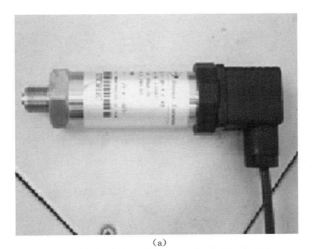

（a）

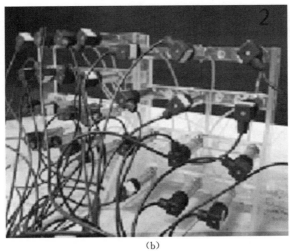

（b）

（c）

图 2-12　压力传感器实物图

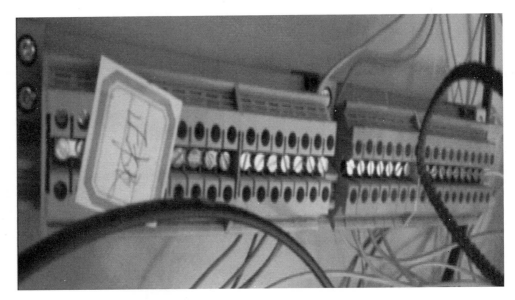

(a)

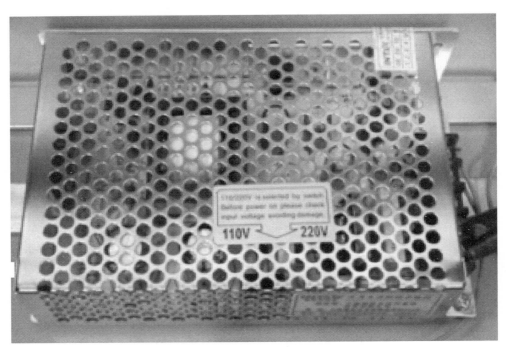

(b)

图 2-13（一）　信号转换装置实物图

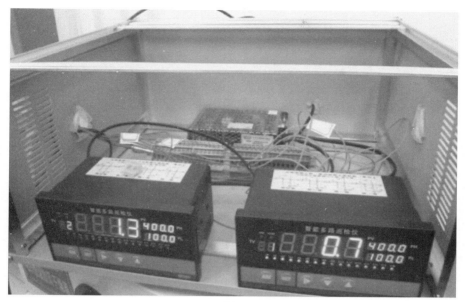

(c)

(d)

图 2-13（二） 信号转换装置实物图

$$\begin{cases} h = a_1 x_1 + b_1 + c_1 \\ h = a_2 x_2 + b_2 + c_2 \\ \vdots \\ h = a_n x_n + b_n + c_n \end{cases} \tag{2-1}$$

式中　　　　　a——系数；

b_1，b_2，$\cdots$，b_n——随机误差，数值为所测水位为 0 时，巡检仪显示的数值；

c_1，c_2，$\cdots$，c_n——压力传感器位置高度。

固定水头为 167.5cm 时，压力传感器校准结果见表 2-3。

表 2-3　　　　　　压力传感器校准结果（$h = 167.5\text{cm}$）

序号	a	b	c	序号	a	b	c
1	0.9962	1	33.8	15	1.0216	0	36.45
2	0.9849	2	33.8	16	1.026	0	36.45
3	1.0528	−3	33.8	17	1.0207	0	27.85
4	1.0031	1	24.7	18	1.0098	1	27.85
5	1.0245	−1	24.7	19	1.0614	−3	27.85
6	1.0159	1	24.7	20	1.0308	−1	27.85
7	1.0270	0	14.7	21	1.0171	0	18.85
8	1.0253	0	14.7	22	1.0401	−1	18.85
9	1.0260	0	14.7	23	1.0205	0	18.85
10	1.0265	−1	5.3	24	1.0073	1	18.85
11	1.0278	0	5.3	25	1.0189	0	10.1
12	1.0366	−1	5.3	26	1.0164	0	10.1
13	1.0280	0	36.45	27	1.0042	1	10.1
14	1.0247	0	36.45				

2.3.4　泉流量监测装置

泉流量监测装置由一个直径为 15cm 的透明有机玻璃水桶以及一个压力传感器组成。压力传感器连接在水桶的底部，在试验过程中测量水头随时间的变化，泉流量的变化过程由水头变化计算得到。

2.4　本章小结

本章主要介绍了研究单裂隙水流特性的单裂隙物理模型、复杂单裂隙物理模型，以及裂隙网络-管道双重介质物理模型模拟试验系统，具体研究内容有：

（1）根据研究需要设计研制了不同裂隙宽度（W）和裂隙开度（b）的单裂隙 11 个，不同裂隙开度和裂隙折角（β）的复杂单裂隙 30 个。

（2）基于西南岩溶含水系统的概念模型，利用透明有机玻璃建立了自动化、可视化裂隙网络-管道双重介质室内物理试验模拟系统，模拟系统主要包括裂隙网络-管道双重介质模拟区；供水装置，可以提供定水头或变水头边界条件；水头监测系统，可以实时监测双重介质水头变化；以及泉流量监测装置，实时监测泉的流量变化。

（3）单裂隙以及复杂单裂隙的试验研究可以为裂隙网络-管道双重介质水流运动提供基础研究。裂隙网络-管道双重介质物理模型可以用来研究双重介质水头分布规律以及对于不同水文情景和双重介质结构特征的响应变化，为岩溶含水系统水流运动规律的研究提供理论支撑。

第 3 章

单裂隙水流运动特征研究

裂隙和管道是岩溶含水系统的基本构成单元，是岩溶含水系统主要的储水空间和导水通道，因此研究裂隙和管道中的水流运动规律对于岩溶含水系统的水动力过程研究具有重要的意义，是岩溶水科学研究的基本任务。以往研究中缺少对裂隙流和管道流的系统阐述，仅简单地提到开度较大的为管道，开度较小的为裂隙。基于此，本章主要通过室内物理试验，对比立方定律和达西-魏斯巴赫公式对裂隙流和管道流的水力特性进行识别，并着重对裂隙流的运动特征进行研究。

3.1 裂隙水头损失测量试验装置

水力坡度是导致水流流动的原因，因此可以通过研究水力坡度来研究水流运动特征。

3.1.1 裂隙水头损失测量试验装置构成

利用自主设计的室内物理试验装置来监测裂隙水头随时间的变化，水头变化测量装置如图 3-1 所示。水头损失测量系统主要有透明有机玻璃制成的直径为 24cm 的圆形注水桶 1 个、压力传感器 1 个、导水管 1 条、连接管若干、计算机 1 台。

图 3-1（a）中有裂隙（虚线框内），图 3-1（b）中没有裂隙。

图 3-1（a）中，以通过裂隙出流口中心的水平面为基准面，取水面线所在的断面与裂隙出流口过水断面为控制面，两个控制面间由能量方程得：

$$H_1 = \frac{\alpha v_1^{\ 2}}{2g} + h_{f1} + h_{f2} + h_{j1} + h_{j2} + h_{j3} + h_w \tag{3-1}$$

式中　H_1——有裂隙条件下的水头差，cm；

　　　　α——动能校正系数，取 $\alpha = 1$；

　　　　v_1——有裂隙条件下，水流出流口的流速，cm/s；

　　　　g——重力加速度，取 $g = 980 \text{cm/s}^2$；

　　　　h_{f1}——有裂隙条件下，注水筒中的沿程水头损失，由于注水筒直径较大，流速较小，故 h_{f1} 可忽略；

　　　　h_{f2}——有裂隙条件下，导水管中的沿程水头损失，cm；

　　　　h_{j1}——有裂隙条件下，导水管与注水筒连接处的局部水头损失，cm；

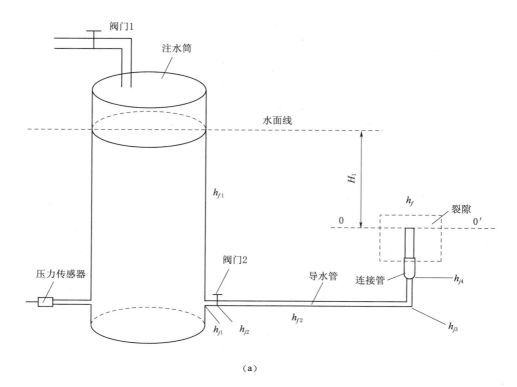

（a）

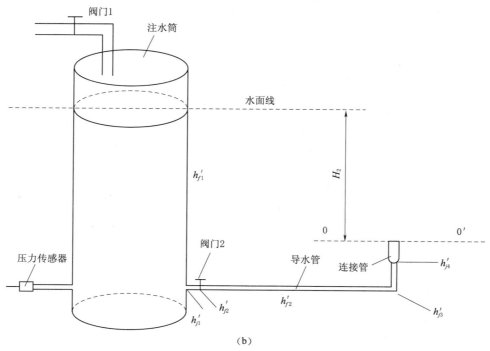

（b）

图 3-1（一）　裂隙水头变化测量装置图

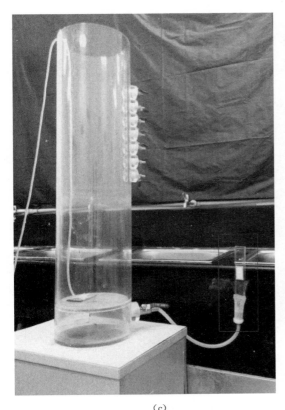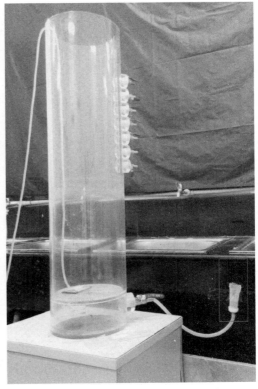

（c）　　　　　　　　　　　　（d）

图 3-1（二）　裂隙水头变化测量装置图

h_{j2}——有裂隙条件下，导水管弯曲处的局部水头损失，cm；

h_{j3}——有裂隙条件下，导水管与连接管连接处的局部水头损失，cm；

h_w——水流经过裂隙的水头损失，cm。

同理，图 3-1（b）中，以通过连接管出流口中心的水平面为基准面，取水面线所在的断面与连接管出流口过水断面为控制面，两个控制面间由能量方程得

$$H_2=\frac{\alpha v_2^2}{2g}+h'_{f1}+h'_{f2}+h'_{j1}+h'_{j2}+h'_{j3} \tag{3-2}$$

式中　H_2——无裂隙条件下的水头差，cm；

　　α——动能校正系数，取 $\alpha=1$；

　　v_2——无裂隙条件下，水流出流口的流速，cm/s；

　　g——重力加速度，取 $g=980\,\mathrm{cm/s^2}$；

　　h'_{f1}——无裂隙条件下，注水筒中的沿程水头损失，由于注水筒直径较大，流速较小，故 h'_{f1} 可忽略；

　　h'_{f2}——无裂隙条件下，导水管中的沿程水头损失，cm；

　　h'_{j1}——无裂隙条件下，导水管与注水筒连接处的局部水头损失，cm；

h'_{j2}——无裂隙条件下，导水管弯曲处的局部水头损失，cm；

h'_{j3}——无裂隙条件下，导水管与连接管连接处的局部水头损失，cm。

其中，连接管管口与裂隙口的大小基本一致，故此连接处的局部水头损失可忽略。适用于式（3-1）、式（3-2）。

设在某一时刻 t_1，图 3-1（a）中裂隙出流口流量为 Q_1；在某一时刻 t_2，图 3-1（b）中连接管出流口流量为 Q_2。在图 3-1（a）、（b）相同的边界条件下，水头损失的大小只与流速大小有关，则当 $Q_1 = Q_2$ 时，图 3-1（a）及图 3-1（b）中装置对应处的水头损失相等，即：$h_{f1} = h'_{f1}$，$h_{f2} = h'_{f2}$，$h_{j1} = h'_{j1}$，$h_{j2} = h'_{j2}$，$h_{j3} = h'_{j3}$。此时，联合式（3-1）、式（3-2）可得

$$h_w = H_1 - H_2 - \frac{\alpha v_1^{\,2}}{2g} + \frac{\alpha v_2^{\,2}}{2g} \tag{3-3}$$

由式（3-3）可知，对于某一开度的裂隙，只需要知道有、无裂隙条件下试验过程中的水头差 H_1、H_2 以及出口流速 v_1、v_2，便可由式（3-3）计算得到水流流经裂隙时的水头损失 h_w。

3.1.2　试验操作步骤

（1）取裂隙开度为 b_1 的裂隙，按照图 3-1（a）连接试验装置。

（2）连接装置后，开启阀门 1，注水至注水筒至一定高度后关闭阀门 1。打开阀门 2，水流从裂隙口流出，打开阀门 2 的同时，打开压力传感器控制系统开始记录水头变化数据，直至水面线降至 0-0′ 基准面，关闭阀门 2。

（3）移除裂隙，此时试验装置如图 3-1（b）所示，打开阀门 1 注水至注水筒至一定高度后关闭阀门 1。打开阀门 2，水流从连接管管口流出，打开阀门 2 的同时，打开压力传感器控制系统开始记录水头变化数据，直至水面线降至 0-0′ 基准面，关闭阀门 2；（此时，裂隙开度为 b_1 的裂隙水头变化测量试验结束。操作此步骤时注意移除裂隙前后要保持装置其他部分一致）。

（4）更换连接管（不同开度的裂隙，裂隙口大小不一，需用不同的连接管连接），取不同开度的裂隙重复步骤（2）和步骤（3）。

3.1.3　试验设计合理性分析

首先分析有裂隙连接的 4 次试验，整个试验装置的水头损失 $h_{w总}$ 为

$$h_{w总} = h_{f1} + h_{f2} + h_{j1} + h_{j2} + h_{j3} + h_w \tag{3-4}$$

绘制不同裂隙开度条件下（$b_1 < b_2 < b_3 < b_4$），试验装置总水头损失裂隙出口流速

曲线，如图 3-2 所示，从图中可以看出，在出口流速一定的条件下，隙宽越大，试验装置的总水头损失越大，与实际情况相符，表明试验设计合理。

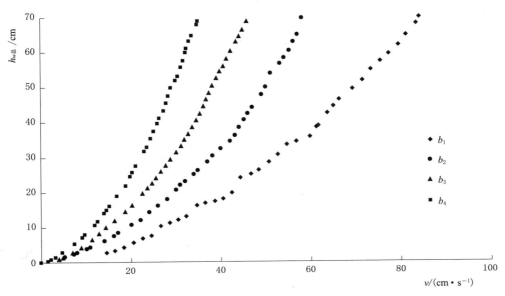

图 3-2 不同裂隙开度条件下，试验装置总水头损失随出口流速的变化曲线图

在没有裂隙连接的 4 次试验中，试验条件的差别仅在于连接管管口大小不同，水头差随出口流量变化曲线应基本一致。无裂隙条件下水头差随出口流量（由水头差计算得到水的体积，除以时间即得流量）关系曲线，如图 3-3 所示，从图中可以看出，4 次试验数据较为一致，与实际试验条件相符，表明试验设计合理。

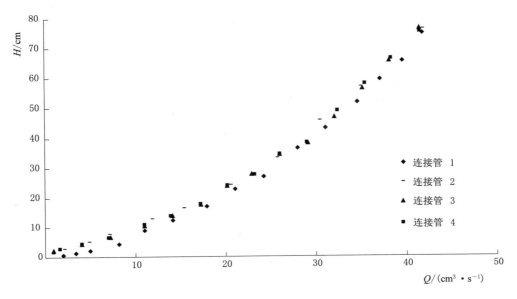

图 3-3 无裂隙条件下水头差随出口流量的变化曲线图

3.1.4　裂隙水头损失 h_w 的求解

由试验操作步骤（2）采集到的试验数据，可以得到有裂隙连接条件下水头差随时间变化的关系曲线，由试验操作步骤（3）中的试验数据可以得到无裂隙连接条件下水头差随时间变化的关系曲线。有、无裂隙条件下，水头差随时间变化曲线如图3-4所示。

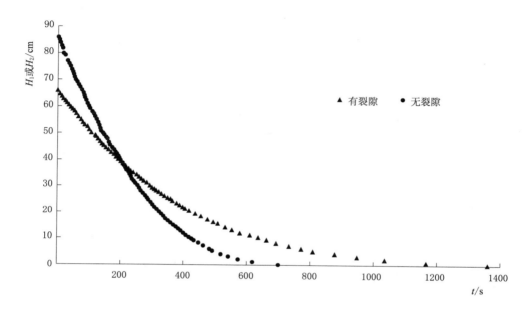

图 3-4　有、无裂隙条件下水头差随时间的变化曲线图

假设水头差随时间变化的表达式为

$$H = H(t) \tag{3-5}$$

Δt 时间间隔内的流量变化表达式为

$$Q = \frac{[H(t) - H(t+\Delta t)]S}{\Delta t} \tag{3-6}$$

式中　H——水头差，cm；

　　　Δt——时间间隔，t；

　　　S——注水筒截面面积，cm^2。

开度 b_1 及无裂隙条件下，水头差随裂隙出流口流量变化曲线如图3-5所示。利用 Matlab 程序进行曲线拟合，得到 $H_1 = H_1(Q)$ 和 $H_2 = H_2(Q)$。

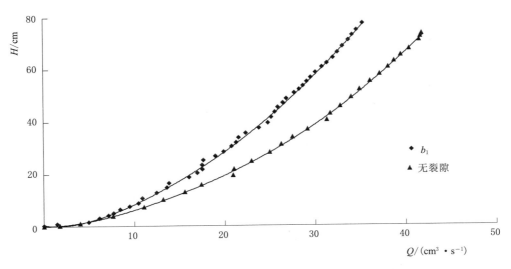

图 3-5　开度 b_1 及无裂隙条件下水头差随出口流量变化曲线图

图 3-5 中，流量相同时，纵坐标之差 $\Delta H = H_1 - H_2 = h_w + \dfrac{\alpha v_1^2}{2g} - \dfrac{\alpha v_2^2}{2g}$，为得到 ΔH，可对试验数据做如下处理：对有裂隙及无裂隙试验条件下的试验数据分别进行拟合，选取拟合程度最好的多项式，建立水头差与流量之间的关系曲线，得到的两条拟合曲线将相同流量对应的两个水头值相减即为 ΔH，而 h_w 可由 $h_w = \Delta H - \dfrac{\alpha v_1^2}{2g} + \dfrac{\alpha v_2^2}{2g}$ 计算得到，将不同裂隙开度条件下，裂隙的水头损失（或水力坡度）与出口流速的关系曲线绘制于同一坐标系下可确定水头损失 h_w 或水力坡度 J 与流速 v 之间的关系。

3.2　裂隙流与管道流特性识别

岩溶含水系统通常由 2～3 类不同的含水介质组成，包括孔隙介质、裂隙介质和管道介质。不同含水介质中的水流运动规律不同，因此，岩溶含水系统不能由单一的水流运动规律来描述。通常情况，孔隙介质中的水流运动比较缓慢，可以用达西定律来刻画，裂隙介质中的水流可以由立方定律来描述，而在管道介质中水流运动规律可以由达西-魏斯巴赫公式、斯托克斯方程以及 N-S 方程来揭示。从相关文献资料来看，一般以开度的大小来区分裂隙和管道，认为裂隙的开度较小、管道的开度较大，对裂隙、管道的定义较为模糊。本节主要通过室内物理试验方法对裂隙流和管道流的

特性进行识别，并以开度为标准提出裂隙流和管道流的概念，明确裂隙和管道的开度
阈值。

3.2.1　物理模型

为对裂隙流和管道流进行识别，设计并制作了不同开度 b 以及不同宽度 W 的闭
合平行"裂隙" 11 个。物理模型开度由千分尺测量，闭合平行"裂隙"信息表见表
3-1。利用本书第 3.1 节中介绍测试验方法对这 11 个物理模型进行研究，对得到的
水头损失与流速之间的关系进行分析，并对比立方定律及达西-魏斯巴赫公式，对裂
隙流和管道流的水力特性进行识别。

表 3-1　　　　　　　　　　　　　　　闭合平行裂隙信息表

裂隙宽度 W/cm	裂隙开度 b/mm	临界流速 v/(cm·s^{-1})	试验水温 T/℃	裂隙长度 L/cm
	2.8575	50.7	13	20
	1.8375	78.9	13	20
3	1.4635	99.0	13	20
	0.9490	152.7	13	20
	1.9275	75.2	13	20
	1.6000	67.3	20	20
2	1.3850	104.6	13	20
	0.9670	149.9	13	20
	0.8400	172.5	13	20
1	0.9900	146.4	13	20
	0.6600	219.6	13	20

3.2.2　理论公式

进行裂隙流和管道流特性识别的理论公式主要有立方定律，层流、紊流判别公式
以及达西-魏斯巴赫公式。

（1）立方定律表明：恒温条件下，水流流经开放平行裂隙时的水头损失与水流流
速之间呈线性关系，这一线性关系是识别裂隙流和管道流的主要依据之一。

（2）临界雷诺数是判别层流和紊流的主要依据，液体的雷诺数大于临界雷诺数时，液体流态为紊流，水头损失与流速之间呈非线性关系；液体的雷诺数小于临界雷诺数时，液体流态为层流，水头损失与流速之间呈线性关系。Lomize（1951）得到矩形过水断面水流临界雷诺数为 1200；Louis（1969）、章宝华（2013）也得到了类似结果。

（3）达西-魏斯巴赫公式是用来描述圆管流水头损失与流速关系的。水头损失与流速之间的关系为

1）对于层流，λ 仅仅是 Re 的函数，$\lambda \propto Re^{-1}$，因此，$h_f \propto v$。

2）对于紊流分为三种情况：①紊流光滑区：λ 仅仅是 Re 的函数，即 $\lambda = \lambda(Re)$，且 $\lambda \propto Re^{-\frac{1}{4}}$，因此，$h_f \propto v^{1.75}$；②紊流过渡粗糙区：$\lambda$ 是 Re 和相对粗糙度的函数，即 $\lambda = \lambda\left(Re, \dfrac{\Delta}{d}\right)$，因此，$h_f \propto v^{1.75 \sim 2.0}$；③紊流粗糙区：$\lambda$ 仅仅是相对粗糙度的函数，$\lambda = \lambda\left(\dfrac{\Delta}{d}\right)$，因此，$h_f \propto v^2$。

3.2.3 试验结果

不同裂隙开度及宽度条件下，水头损失随流速变化曲线如图 3-6 所示。从图中可以看出，对于某一裂隙而言，流速越大，水头损失越大。

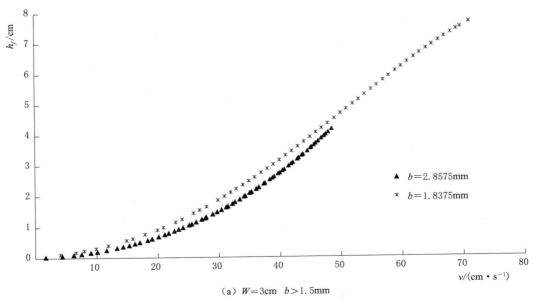

（a） $W=3\text{cm}$ $b>1.5\text{mm}$

图 3-6（一） 不同开度及宽度条件下，水头损失随流速变化曲线图

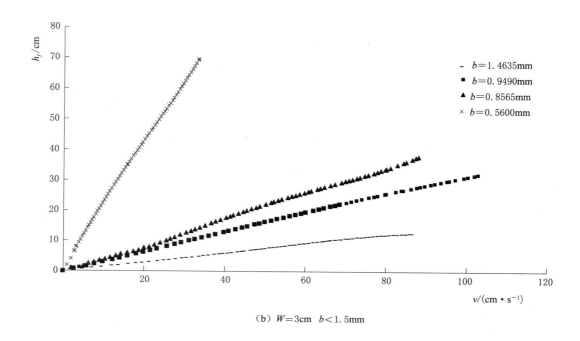

（b）$W=3$cm　$b<1.5$mm

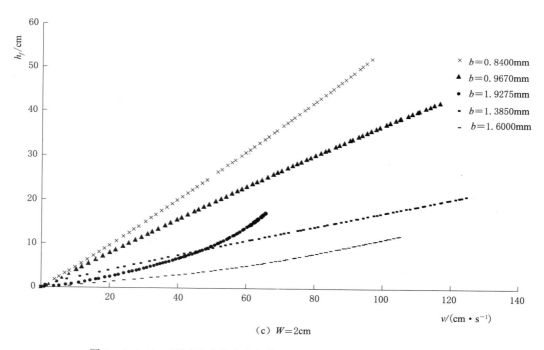

（c）$W=2$cm

图 3-6（二）　不同开度及宽度条件下，水头损失随流速变化曲线图

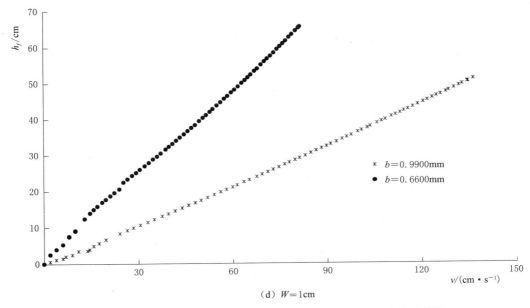

（d）$W=1$cm

图 3-6（三）　不同开度及宽度条件下，水头损失随流速变化曲线图

3.2.4　结果分析

3.2.4.1　试验结果与理论公式对比

不同尺寸的裂隙或管道中对应的临界流速，见表 3-1。由临界流速可知，试验中的水流既有层流又有紊流。从图 3-6 中可以看出，当开度 $b \leqslant 1.4635$mm 时，水头损失与水流流速之间呈线性关系；当开度 $b \geqslant 1.8375$mm 时，水头损失与水流流速之间呈非线性关系；当开度 $b = 1.6000$mm 时，水头损失与流速之间的关系处于线性与非线性之间。

对于开度 $b > 1.4635$mm 的裂隙（即 $W = 3$cm，$b = 2.8575$mm；$W = 3$cm，$b = 1.8375$mm 及 $W = 2$cm，$b = 1.9275$mm），对于水头损失 h_f 与水流流速 v 之间的关系作 $v = eJ^m$ 和 $h_f = av^c$ 两种形式的拟合，拟合结果见表 3-2。

表 3-2　　　　　　　　　$v = eJ^m$ 和 $h_f = av^c$ 中指数 m 和 c 拟合结果

方程形式	W/cm	b/mm	m 或 c	置信区间	$RMSE$	R^2
$v = eJ^m$	3	2.8575	0.497	[0.495, 0.498]	0.4581	0.9991
	3	1.8375	0.593	[0.591, 0.596]	0.7759	0.9987
	2	1.9275	0.653	[0.648, 0.657]	1.3470	0.9953
$h_f = av^c$	3	2.8575	2.104	[2.100, 2.108]	0.0160	0.9998
	3	1.8375	1.651	[1.642, 1.659]	0.0982	0.9983
	2	1.9275	1.629	[1.613, 1.644]	0.3126	0.994

根据达西-魏斯巴赫公式，当 $b<1.4635\text{mm}$ 时，c 在 1 附近，即水头损失与流速之间呈线性关系，因此，其中的水流属于层流；当开度 $b>1.8375\text{mm}$ 时，$c>1$，水头损失与流速之间呈非线性关系，因此，其中的水流属于紊流。根据临界 Re 判断，当水流流速小于临界流速时，水流属于层流，水头损失与流速之间呈线性关系；当水流流速大于临界流速时，水流属于紊流，水头损失与流速之间呈非线性关系。但是，在本书试验中，裂隙尺寸为 $W=3\text{cm}$，$b>1.5\text{mm}$ 以及 $W=2\text{cm}$，$b=1.9275\text{mm}$ 的试验结果中，即使水流流速小于临界流速，水头损失与水流流速也呈非线性关系；而在裂隙尺寸为 $W=2\text{cm}$，$b=1.3850\text{mm}$ 的试验结果中，即使水流由层流变为紊流，水头损失与水流流速之间依然呈线性关系。这些试验结果与之前所认为的"层流状态下，水流服从达西定律和立方定律，即水头损失与流速呈线性关系；紊流状态下，水流不服从达西定律和立方定律，即水头损失与流速呈非线性关系"不符。而且，由临界 Re 划分的水流流态结果与由达西-魏斯巴赫公式得到的结果相矛盾。可能的解释是，$W\leqslant1.4635\text{mm}$ 的裂隙中的水流与裂隙宽度 $W\geqslant1.8375\text{mm}$ 的裂隙中的水流为两种不同类型的水流。裂隙宽度 $W\leqslant1.4635\text{mm}$ 时，水头损失与水流流速呈线性关系，服从达西定律及立方定律，呈现裂隙流特性。裂隙宽度 $W\geqslant1.8375\text{mm}$ 时，水头损失与水流流速呈非线性关系，不服从达西定律及立方定律，呈现管道流特性。开度 $b=1.6000\text{mm}$ 时，水流处于裂隙流与管道流的过渡区。得到这一结论是基于裂隙管道的区别在于开度不同，开度较小的为裂隙，开度较大的为管道。本次试验结果可以看出，随着开度的增大，水头损失与水流流速之间的线性程度降低。因此，可将裂隙定义为开度 $b\leqslant1.4635\text{mm}$，管道定义为开度 $b\geqslant1.8375\text{mm}$。

3.2.4.2　试验结果与其他研究结果对比

钱家忠等（2005）年，以开度为 $2\sim6\text{mm}$ 的裂隙为研究对象，通过室内物理试验，主要对开度及壁面粗糙性（细、中粗、粗）对水流运动的影响进行了研究。钱家忠等（2005）得出水流流速与水力坡度之间呈指数关系 $v=eJ^{m}$，并且指数在 0.5 附近波动。在本次试验中，当开度 $b\geqslant1.8375\text{mm}$，指数 m 均值为 0.58，与钱家忠等得到的试验结果相似。

3.3　闭合平行单裂隙水流特征研究

利用有限元软件对裂隙流进行数值模拟。基于模拟结果对立方定律在闭合裂隙中的有效性进行了验证，提出了适用于闭合裂隙的修正立方定律，对修正立方定律中的 n 值进行了率定，对裂隙水流运动特征进行了分析。

3.3.1 控制方程

非稳定流情况下，对于不可压缩流体，以矢量形式表达的 N-S 方程为

$$\rho \frac{Dv}{Dt} = \rho f - \nabla p + \mu \nabla^2 v \tag{3-7}$$

式中 f——体积力；

p——压力。

稳定流情况下，对于不可压缩流体，以矢量形式表达的 N-S 方程为

$$\rho(\nabla v)v = \mu \nabla^2 v - \nabla p \tag{3-8}$$

对于两光滑平板间的流体，其运动符合泊肃叶定律，设裂隙两侧壁分布在 $z = \pm \dfrac{b}{2}$ 处，那么流速分布表达式为

$$u_x = -\frac{1}{2\mu} \frac{\partial p}{\partial x} \left[\left(\frac{b}{2}\right)^2 - z^2 \right] \tag{3-9}$$

3.3.2 边界条件

分别对闭合平行裂隙设置了不同的边界条件下，进行了二维和三维模拟。不同模拟情景下边界条件设置见表3-3。

表 3-3   不同模拟情景下边界条件设置

情景代号	情景描述	裂隙尺寸/cm	边界条件
S_0	三维非稳定流	$W=3$，$b=0.0949$ $W=2$，$b=0.0840$ $L=20$	(1) 上、下、左、右四个裂隙面为隔水边界 (2) 入口为变流速边界 (3) 出口为自由出流边界
S_1	三维非稳定流	$W=0.5$，1，2，3，4，5，6 $b=0.05$，0.06，0.07，0.08，0.09，0.1 $L=20$	(1) 上、下、左、右四个裂隙面为隔水边界 (2) 入口为变流速边界 (3) 出口为自由出流边界
S_2	二维稳态流	$b=0.05$，0.06，0.07，0.08，0.09，0.1 $L=20$	(1) 上、下裂隙面为隔水边界 (2) 入口为常流速边界（$v_0 = 0.1\text{cm/s}$） (3) 出口为自由出流边界
S_3	二维稳态流	$b=0.05$ $L=20$	(1) 上、下裂隙面为隔水边界 (2) 入口为常流速边界（$v_0 = 0.1\text{cm/s}$，0.2cm/s，0.3cm/s，0.4cm/s） (3) 出口为自由出流边界
S_4	三维稳态流	$W=0.5$，1，2，3，4，5，6 $b=0.05$ $L=20$	(1) 上下左右四个裂隙面为隔水边界 (2) 入口为常流速边界（$v_0 = 0.1\text{cm/s}$） (3) 出口为自由出流边界

3.3.3　模型验证（S_0 模拟结果）

对尺寸分别为 $W=3\text{cm}$，$b=0.9490\text{mm}$，$L=20\text{cm}$（裂隙 1）；$W=2\text{cm}$，$b=0.8400\text{mm}$，$L=20\text{cm}$（裂隙 2）两个裂隙中的水流运动进行数值模拟，即表 3-3 中的 S_0 模拟。将数值模拟结果与试验测量数据进行对比，分析该数值模型是否可行。数值模型设置温度 $T=13℃$，水的密度 $\rho=999.4\text{kg/m}^3$，动力黏度 $\mu=0.0012\text{Pa.s}$，重力加速度 $g=9.8\text{m/s}^2$。边界条件的设置见表 3-3 中模拟情景 S_0。

以裂隙 1 为例进行分析，水流沿 X 轴方向流动，当流速为 8.6cm/s 时，裂隙 1 的 ZY 剖面（即水流入口）流速分布及压力等值线模拟结果如图 3-7 所示。从图 3-7 中可以看出，在裂隙 ZY 剖面中间处流速最大，由中间向 4 个裂隙面处，流速减小，而在裂隙壁处流速为零。压力等值线呈平行线分布，水流入口处压力值最大，出口处压力值为零。裂隙 1 和裂隙 2 的水力坡度物理试验测量值与数学模拟计算值对比如图 3-8 所示。经计算，相对误差 $=\dfrac{（数学模拟计算值-物理试验测量值）}{物理试验测量值}$，该值在 10% 以内。综上所述，该数值模型合理可行，可以用来进行相关的预测模拟计算。

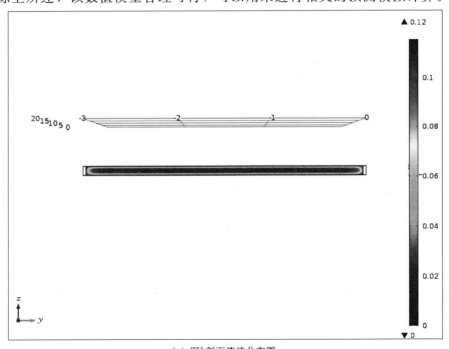

(a) ZY 剖面流速分布图

图 3-7（一）　裂隙 1ZY 剖面流速分布及压力等值线模拟结果图

（$W=3\text{cm}$，$b=0.9490\text{mm}$）

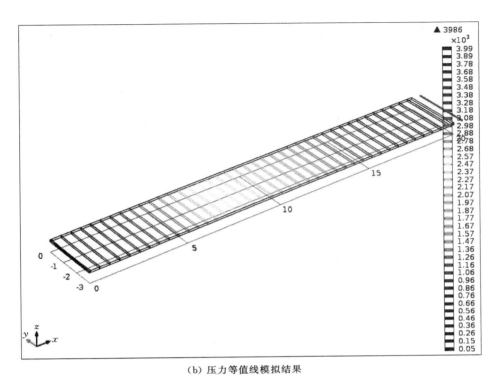

（b）压力等值线模拟结果

图 3-7（二） 裂隙 $1ZY$ 剖面流速分布及压力等值线模拟结果图
（$W=3\text{cm}$，$b=0.9490\text{mm}$）

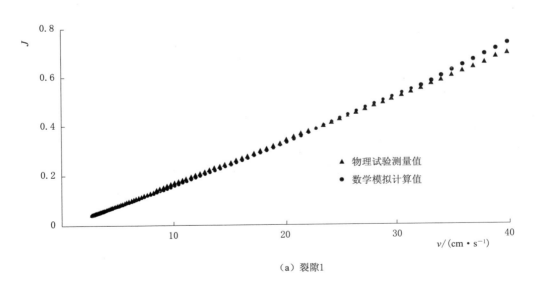

（a）裂隙1

图 3-8（一） 物理试验测量值与数学模拟计算值对比图

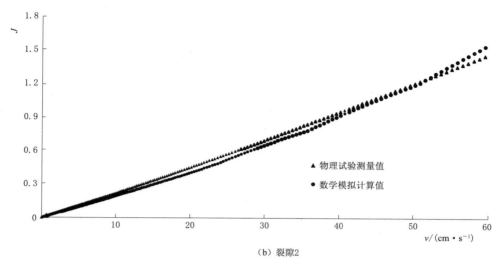

（b）裂隙2

图 3－8（二）　物理试验测量值与数学模拟计算值对比图

3.3.4　模拟结果分析

3.3.4.1　闭合平行裂隙中立方定律适用性验证（S_1模拟结果）

数值模拟得到 7 个不同裂隙宽度（$W=0.5cm$，1cm，2cm，3cm，4cm，5cm，6cm），6 个不同裂隙开度（$b=0.05cm$，0.06cm，0.07cm，0.08cm，0.09cm，0.1cm），共 42 个不同尺寸的裂隙水流模拟结果（表 3－3 中 S_1模拟结果）。将 N－S 方程模拟结果与立方定律计算结果进行对比，以此来确定立方定律的使用范围。

数值模拟所得水力坡度（$J-NS$）与立方定律所得水力坡度（$J-CL$）随流速变化对比图如图 3－9～图 3－15 所示。从图中可以看出，流速较小时，$J-NS$ 与 $J-CL$ 重合度较高，表明流速较小时，可用立方定律来描述裂隙水流；然而随着流速的增大，$J-CL$ 与 $J-NS$ 之间的差值越来越大，且 $J-CL$ 均小于 $J-NS$，表明流速较大时，立方定律计算所得水力坡度与实际值偏离越大，立方定律不可以再用来描述裂隙水流。

以数值模拟所得水力坡度与立方定律计算所得水力坡度的比值 $\left(\dfrac{J-NS}{J-CL}\right)$ 为研究对象，来确定立方定律的使用范围。若 $\dfrac{J-NS}{J-CL}=1$，CL 计算值等于 NS 模拟值；若 $\dfrac{J-NS}{J-CL}>1$，CL 计算值小于 NS 模拟值；若 $\dfrac{J-NS}{J-CL}<1$，CL 计算值大于 NS 模拟值。现将不同裂隙宽度 W，不同裂隙开度 b 条件下，$\dfrac{J-NS}{J-CL}$ 随流速变化作对比分析，如图 3－16 所示。

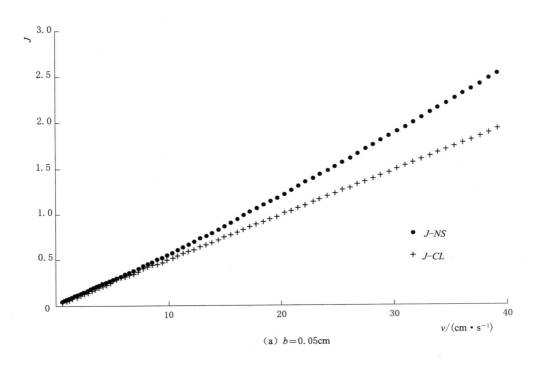

（a）$b=0.05$cm

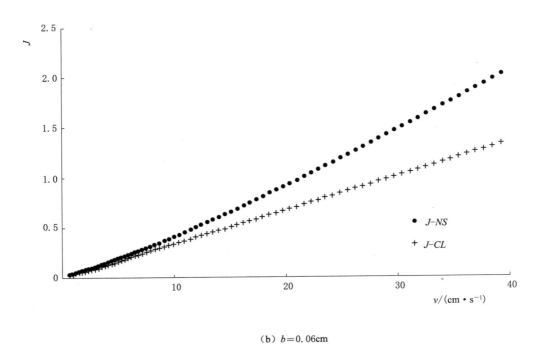

（b）$b=0.06$cm

图 3-9 （一） 裂隙宽度 $W=0.5$cm 时，不同裂隙开度 $J-NS$ 与 $J-CL$ 对比图

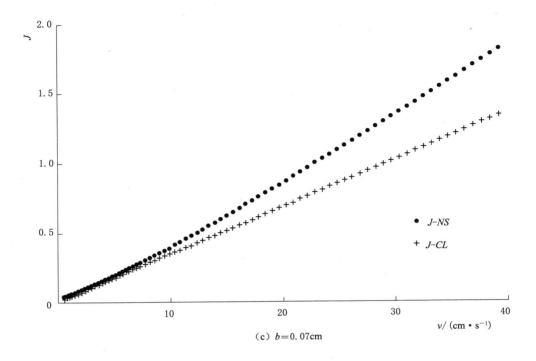

（c）$b=0.07\text{cm}$

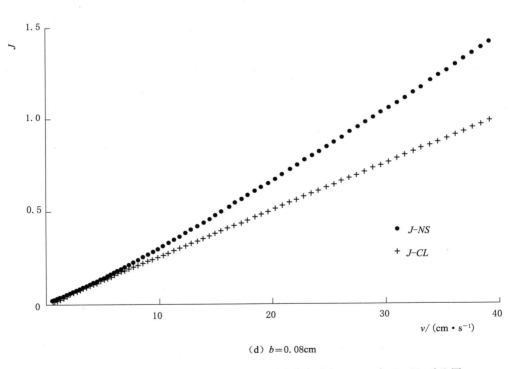

（d）$b=0.08\text{cm}$

图 3-9（二）　裂隙宽度 $W=0.5\text{cm}$ 时，不同裂隙开度 $J-NS$ 与 $J-CL$ 对比图

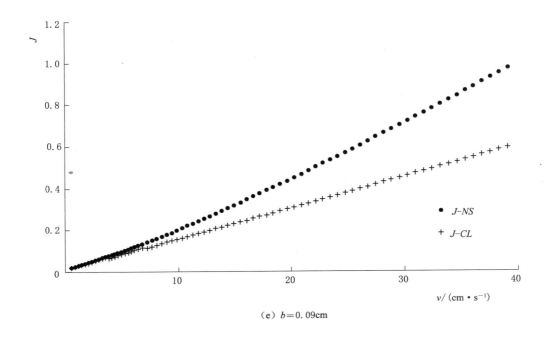

（e） $b=0.09\text{cm}$

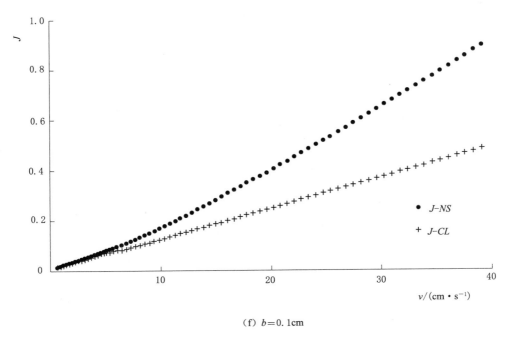

（f） $b=0.1\text{cm}$

图 3-9（三） 裂隙宽度 $W=0.5\text{cm}$ 时，不同裂隙开度 $J\text{-}NS$ 与 $J\text{-}CL$ 对比图

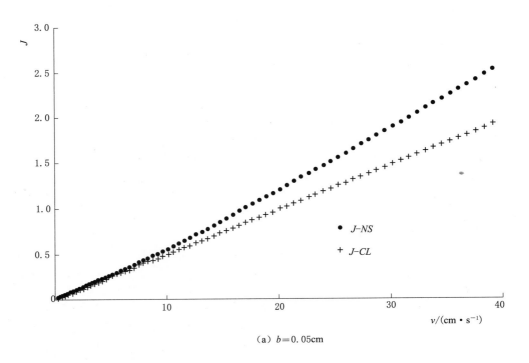

（a）$b=0.05\text{cm}$

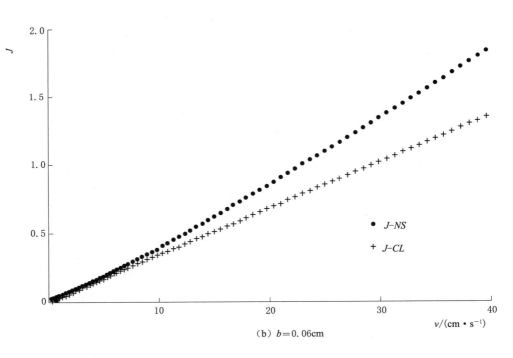

（b）$b=0.06\text{cm}$

图 3-10（一）　裂隙宽度 $W=1\text{cm}$ 时，不同裂隙开度 $J-NS$ 与 $J-CL$ 对比图

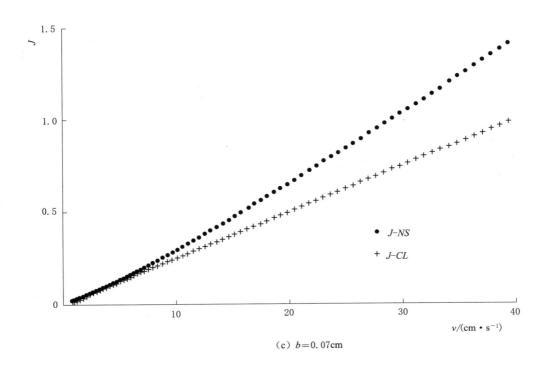

（c）$b=0.07$cm

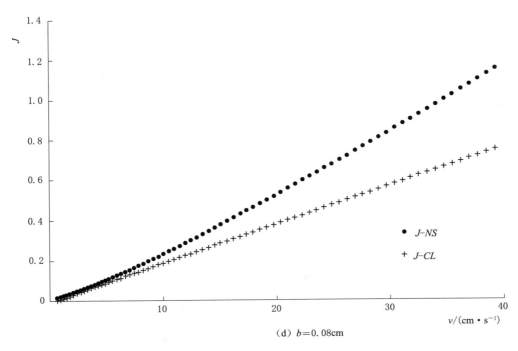

（d）$b=0.08$cm

图 3-10（二） 裂隙宽度 $W=1$cm 时，不同裂隙开度 $J-NS$ 与 $J-CL$ 对比图

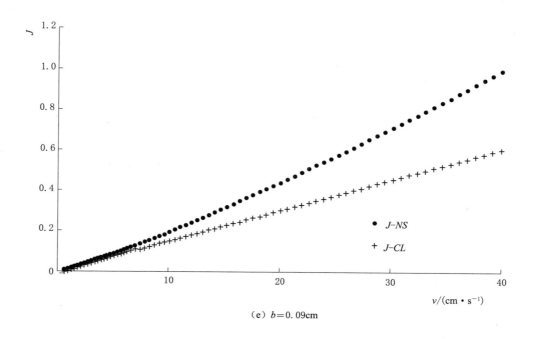

（e）$b=0.09\text{cm}$

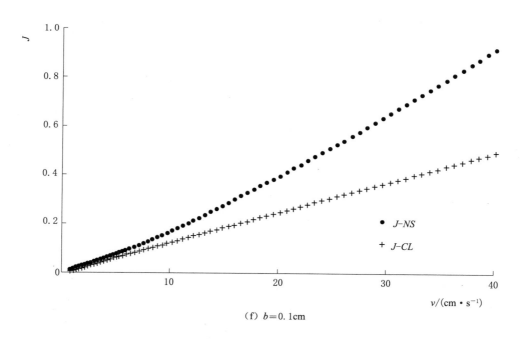

（f）$b=0.1\text{cm}$

图 3-10（三）　裂隙宽度 $W=1\text{cm}$ 时，不同裂隙开度 $J\text{-}NS$ 与 $J\text{-}CL$ 对比图

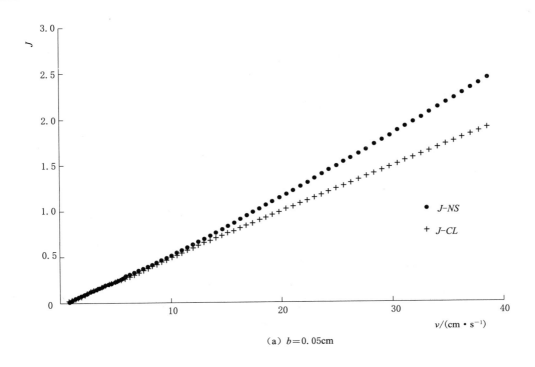

（a）$b = 0.05\text{cm}$

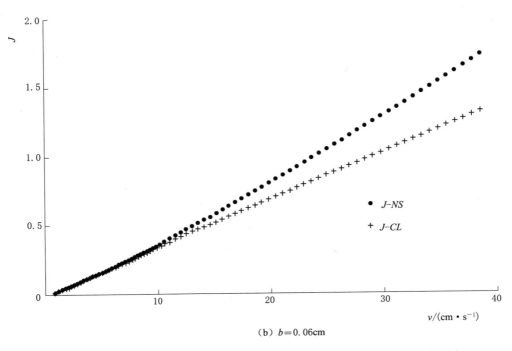

（b）$b = 0.06\text{cm}$

图 3-11（一）　裂隙宽度 $W = 2\text{cm}$ 时，不同裂隙开度 $J\text{-}NS$ 与 $J\text{-}CL$ 对比图

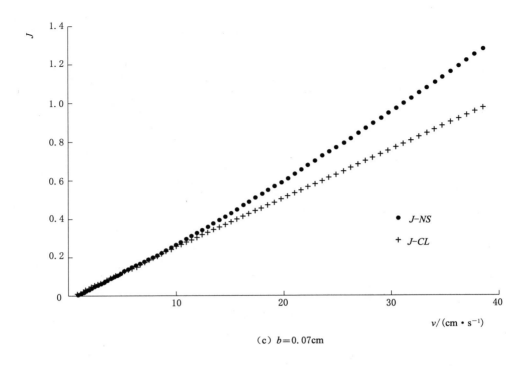

（c）$b = 0.07\text{cm}$

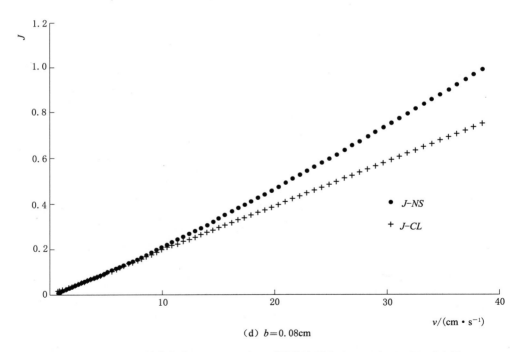

（d）$b = 0.08\text{cm}$

图 3-11（二）　裂隙宽度 $W = 2\text{cm}$ 时，不同裂隙开度 $J-NS$ 与 $J-CL$ 对比图

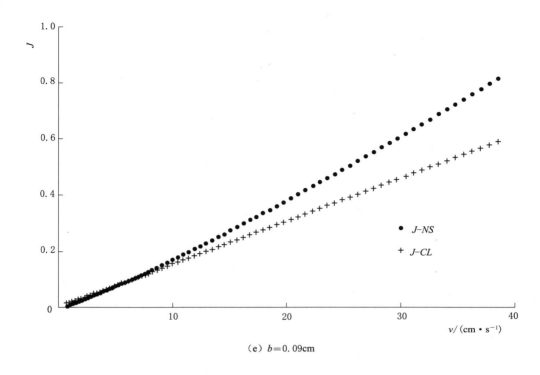

（e） $b = 0.09$cm

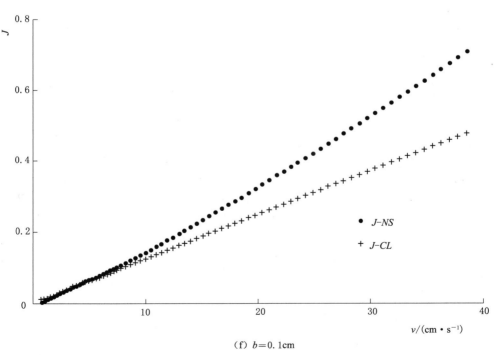

（f） $b = 0.1$cm

图 3-11（三） 裂隙宽度 $W = 2$cm 时，不同裂隙开度 J-NS 与 J-CL 对比图

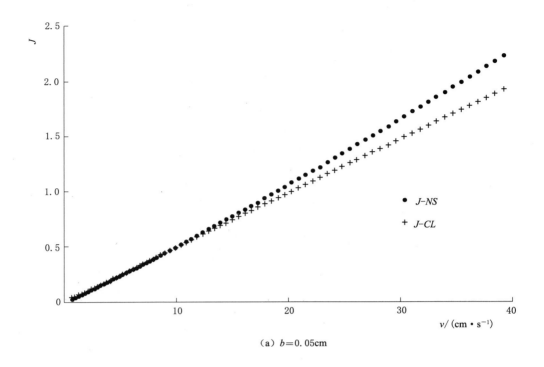

（a）$b=0.05cm$

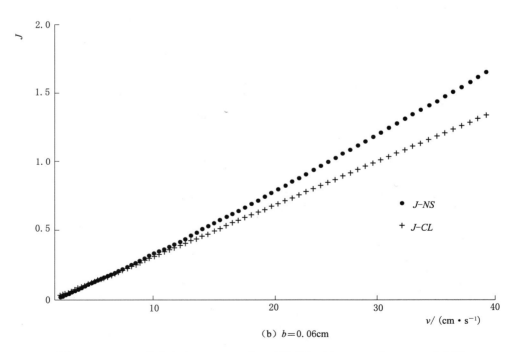

（b）$b=0.06cm$

图 3-12（一）　裂隙宽度 $W=3cm$ 时，不同裂隙开度 $J\text{-}NS$ 与 $J\text{-}CL$ 对比图

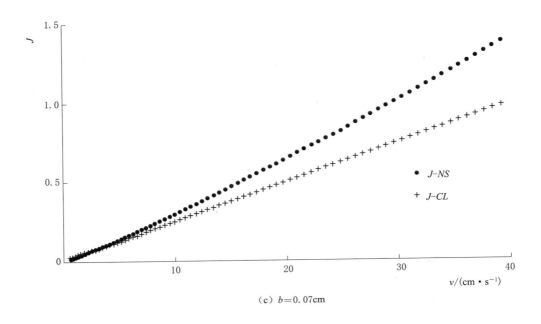

（c）$b=0.07\text{cm}$

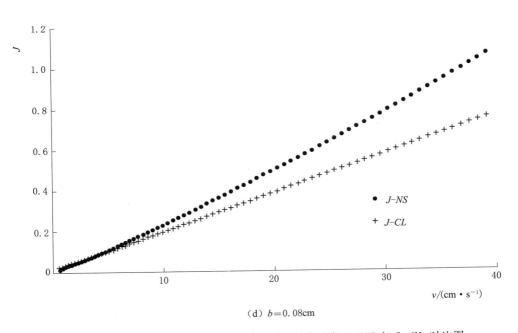

（d）$b=0.08\text{cm}$

图 3 − 12（二） 裂隙宽度 $W=3\text{cm}$ 时，不同裂隙开度 $J\text{-}NS$ 与 $J\text{-}CL$ 对比图

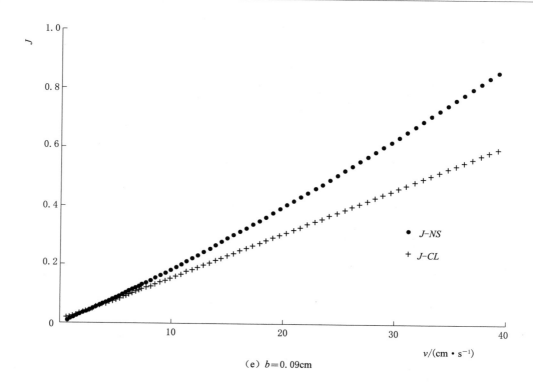

（e）$b=0.09$cm

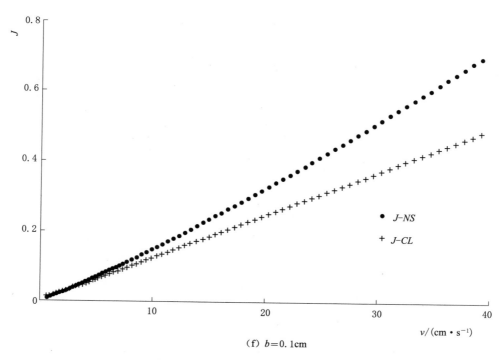

（f）$b=0.1$cm

图 3 - 12（三）　裂隙宽度 $W=3$cm 时，不同裂隙开度 $J-NS$ 与 $J-CL$ 对比图

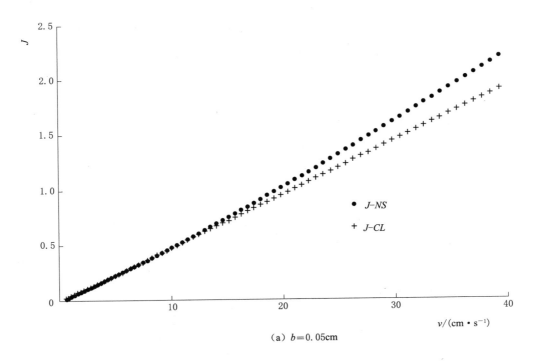

（a）$b=0.05$cm

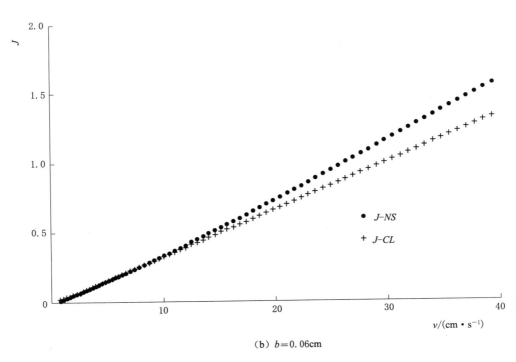

（b）$b=0.06$cm

图 3-13（一） 裂隙宽度 $W=4$cm 时，不同裂隙开度 $J-NS$ 与 $J-CL$ 对比图

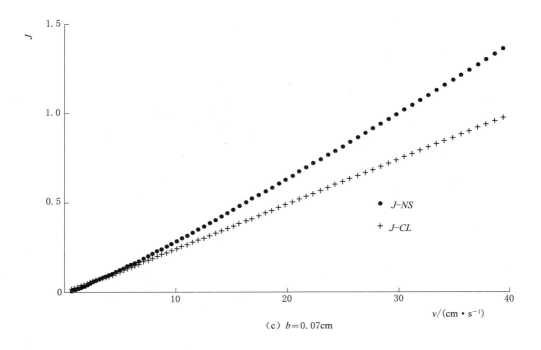

（c）$b=0.07$cm

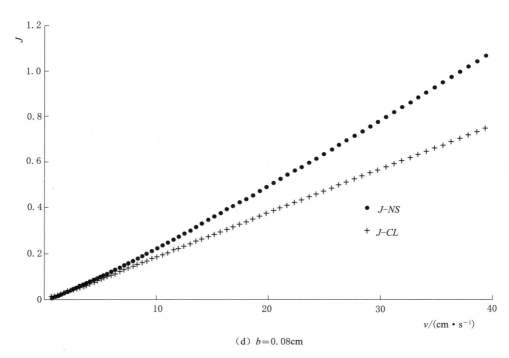

（d）$b=0.08$cm

图 3－13（二）　裂隙宽度 $W=4$cm 时，不同裂隙开度 J-NS 与 J-CL 对比图

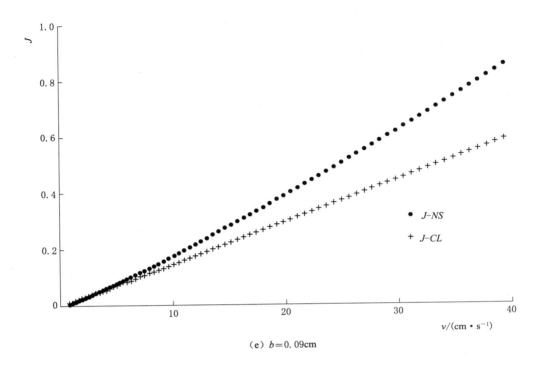

（e）$b = 0.09$cm

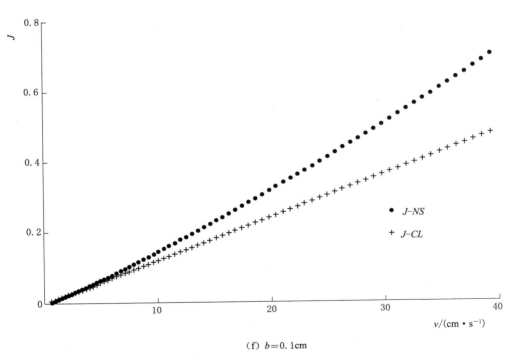

（f）$b = 0.1$cm

图 3 - 13（三） 裂隙宽度 $W = 4$cm 时，不同裂隙开度 $J-NS$ 与 $J-CL$ 对比图

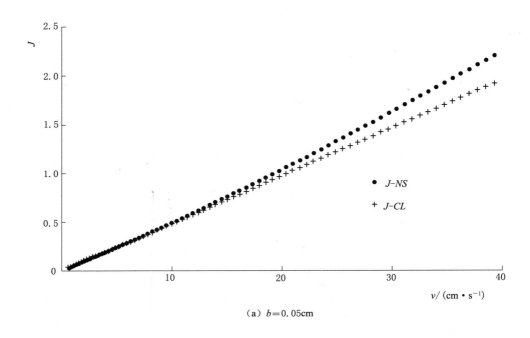

（a）$b = 0.05\text{cm}$

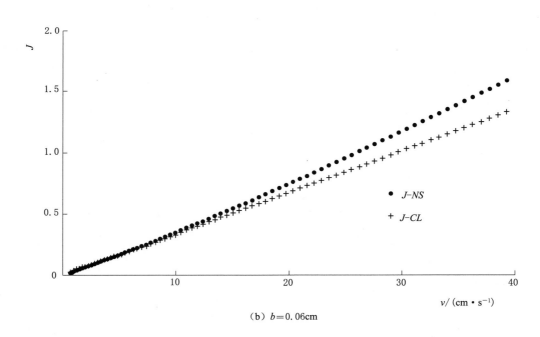

（b）$b = 0.06\text{cm}$

图 3-14（一）　裂隙宽度 $W = 5\text{cm}$ 时，不同裂隙开度 $J\text{-}NS$ 与 $J\text{-}CL$ 对比图

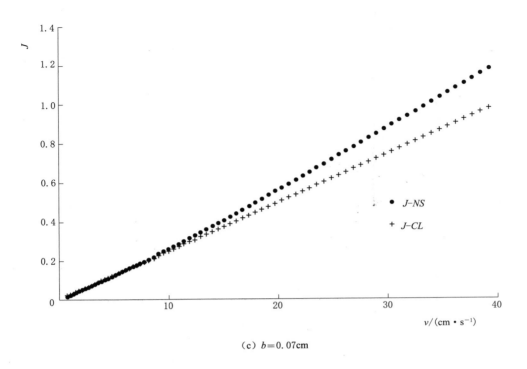

（c）$b=0.07$cm

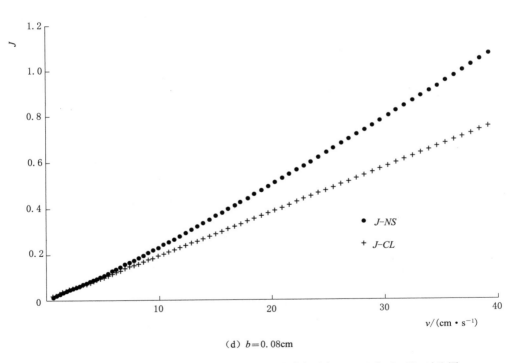

（d）$b=0.08$cm

图 3-14（二） 裂隙宽度 $W=5$cm 时，不同裂隙开度 $J-NS$ 与 $J-CL$ 对比图

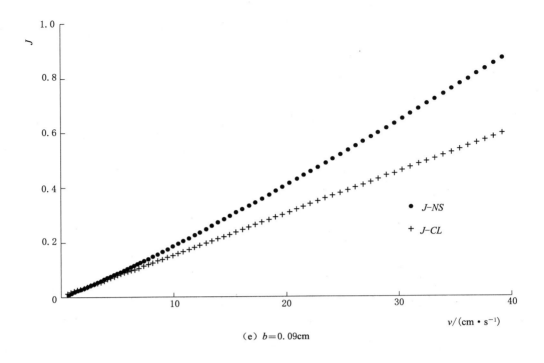

（e）$b=0.09$cm

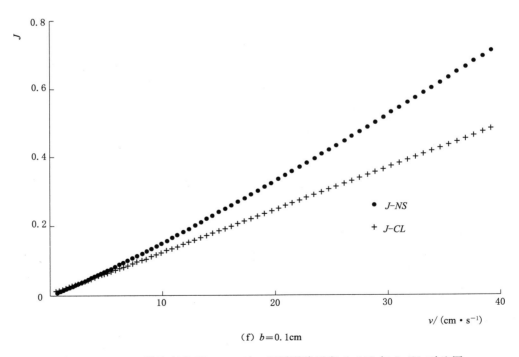

（f）$b=0.1$cm

图 3-14（三）　裂隙宽度 $W=5$cm 时，不同裂隙开度 $J-NS$ 与 $J-CL$ 对比图

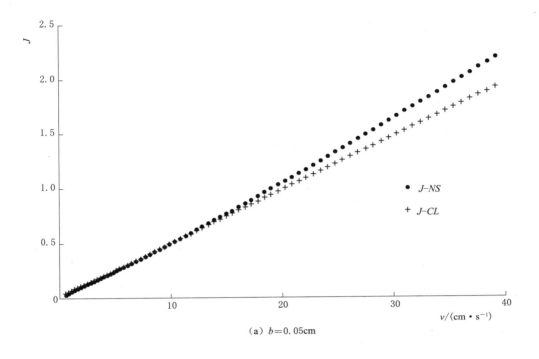

（a）$b = 0.05\mathrm{cm}$

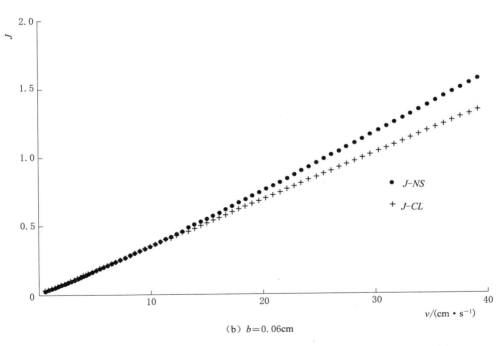

（b）$b = 0.06\mathrm{cm}$

图 3 - 15（一）　裂隙宽度 $W = 6\mathrm{cm}$ 时，不同裂隙开度 J-NS 与 J-CL 对比图

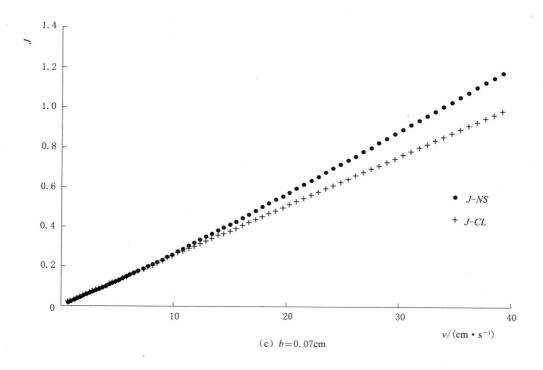

（c）$b=0.07\text{cm}$

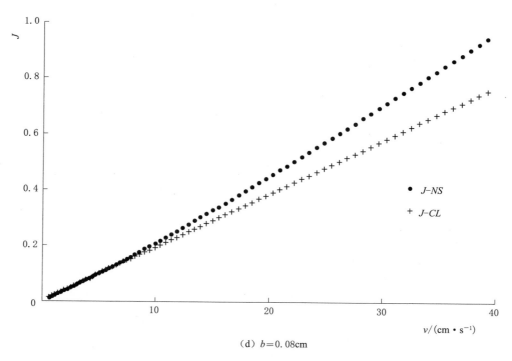

（d）$b=0.08\text{cm}$

图 3-15（二）　裂隙宽度 $W=6\text{cm}$ 时，不同裂隙开度 $J-NS$ 与 $J-CL$ 对比图

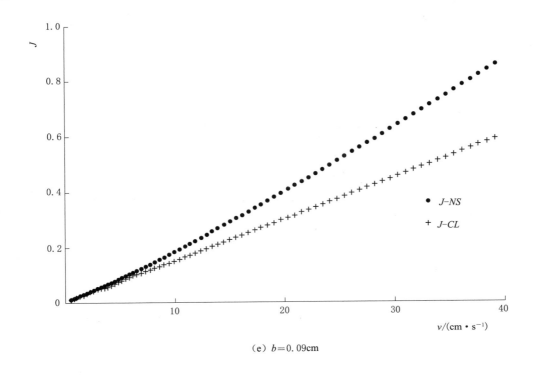

（e）$b=0.09\text{cm}$

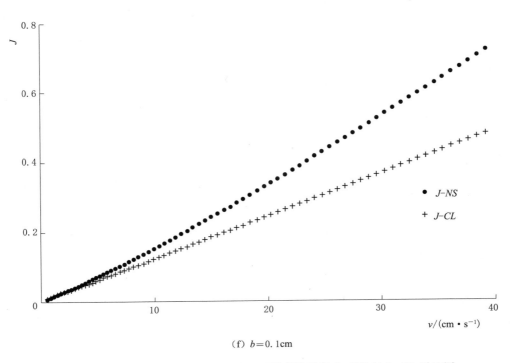

（f）$b=0.1\text{cm}$

图 3-15（三）　裂隙宽度 $W=6\text{cm}$ 时，不同裂隙开度 $J-NS$ 与 $J-CL$ 对比图

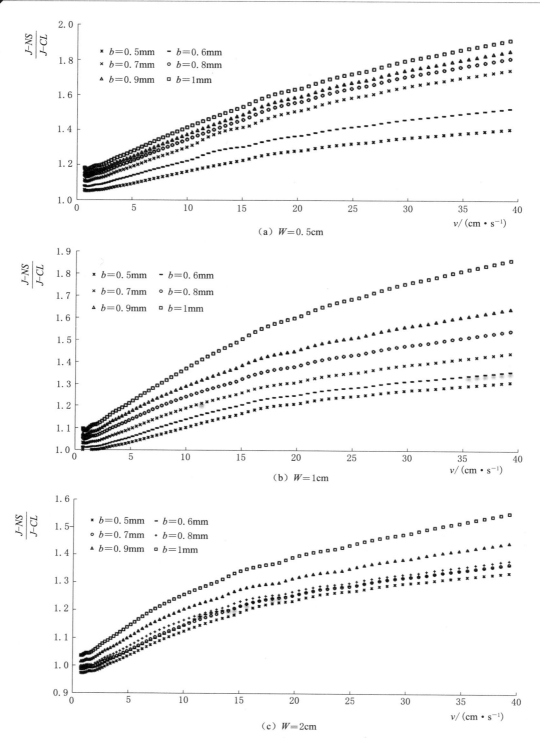

（a）$W=0.5\text{cm}$

（b）$W=1\text{cm}$

（c）$W=2\text{cm}$

图 3-16（一）　不同裂隙宽度及开度条件下，闭合平行裂隙 $\dfrac{J-NS}{J-CL}$ 随流速变化曲线图

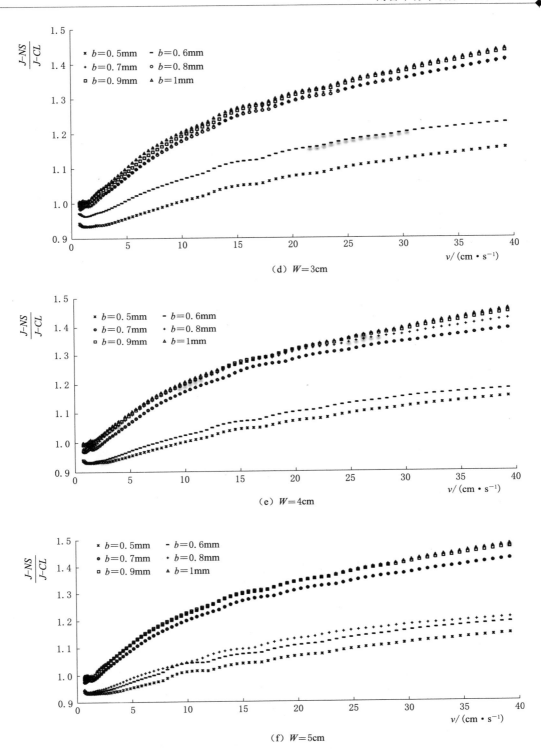

图 3-16（二） 不同裂隙宽度及开度条件下，闭合平行裂隙 $\dfrac{J-NS}{J-CL}$ 随流速变化曲线图

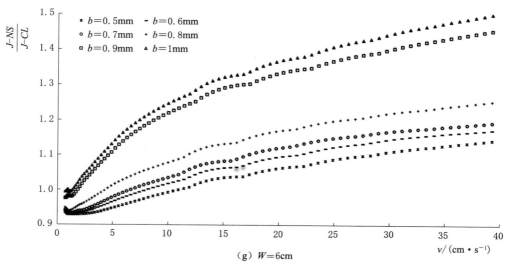

图 3-16（三）　不同裂隙宽度及开度条件下，闭合平行裂隙 $\dfrac{J-NS}{J-CL}$ 随流速变化曲线图

　　结果表明，在本研究中（裂隙宽度在 0.5～6cm，裂隙开度在 0.05～0.1cm），$\dfrac{J-NS}{J-CL}$ 在 0.9～2，当流速较小时，立方定律计算值大致等于 N-S 方程模拟值，当流速较大时，立方定律计算值小于 N-S 方程模拟值。且立方定律计算值与 N-S 方程模拟值之差值随流速的增大而增大，随裂隙开度的增大而增大，随裂隙宽度的增大而减小，这是因为流速越大，黏滞力的作用越不可忽略。为定义立方定律的使用范围，定义相对偏差为（立方定律计算值-纳维-斯托克斯方程模拟值）/N-S 方程模拟值。定义相对偏差达到 10% 时对应的流速称为极限流速 v_{lim}，相对偏差达到 10% 时对应的雷诺数称为极限雷诺数 Re_{lim}。将不同裂隙宽度条件下，极限流速随裂隙开度的变化作对比分析，如图 3-17 所示；极限雷诺数随裂隙开度的变化如图 3-18 所示。从图 3-17、图 3-18 可以看出极限流速或极限雷诺数随裂隙宽度的增大而增大，说明裂隙宽度越大，立方定律越适用；极限流速或极限雷诺数随裂隙开度的增大而减小，说明裂隙开度越大，立方定律越不适用。这一结果与图 3-16 所得结果一样。本研究中，极限流速的最大值为 30.08cm/s，极限雷诺数的最大值为 75.2。

3.3.4.2　修正立方定律的提出

　　原始的立方定律适用于开放平行裂隙，并用 $\left(\dfrac{12\mu}{\rho g}\right)v$ 来描述流体特征对流量大小的影响，用 $\left(\dfrac{L}{b^2}\right)$ 来刻画流体边界对流量大小的影响，对于闭合平行裂隙而言，应当考虑裂隙宽度的影响，以及裂隙宽度与裂隙开度比值的影响。因此，闭合平行裂隙中的

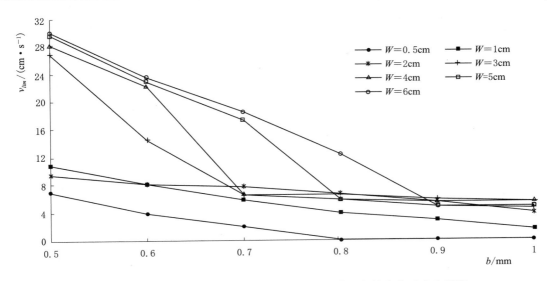

图 3-17 不同裂隙宽度条件下，极限流速随裂隙开度的变化对比分析图

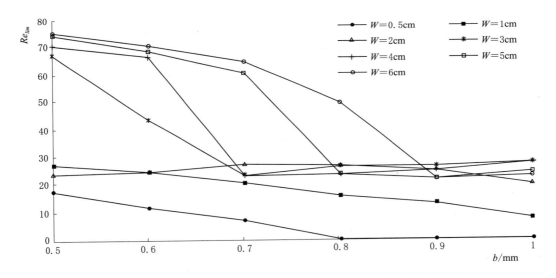

图 3-18 不同裂隙宽度条件下，极限雷诺数随裂隙开度的变化曲线图

立方定律可以表示为

$$h_f = \left(\frac{12\mu}{\rho g}\right) Lv \left[\frac{1}{b^2} + \frac{1}{W^2} + \left(\frac{W}{b}\right)^n \frac{1}{\max(b,W)^2}\right] \qquad (3-10)$$

其中，n 值可由 S_1 模拟结果拟合确定，N-S 方程模拟值与修正立方定律计算值对比如图 3-19 所示。

用 Matlab 软件拟合 S_1 模拟结果可得到 n 值分布，不同裂隙宽度条件下，n 值随裂隙开度的变化如图 3-20 所示。研究结果表明，裂隙开度越大，n 值越大，表明随着裂

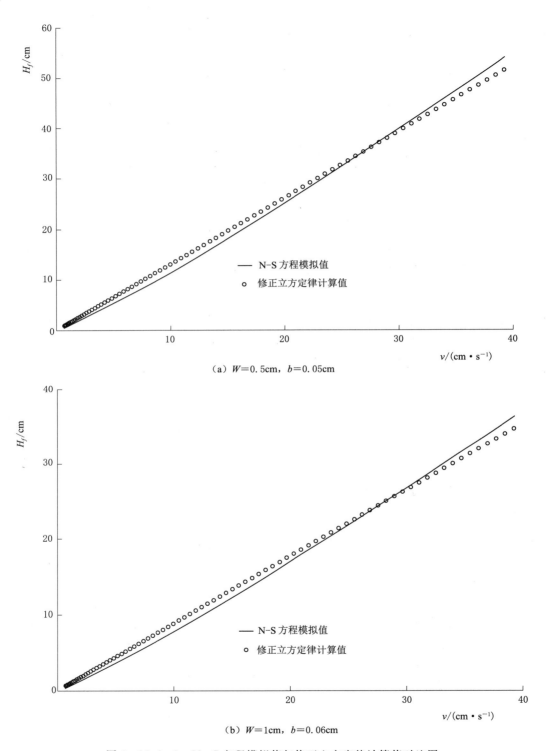

（a）$W=0.5\text{cm}$，$b=0.05\text{cm}$

（b）$W=1\text{cm}$，$b=0.06\text{cm}$

图 3-19（一） N-S 方程模拟值与修正立方定律计算值对比图

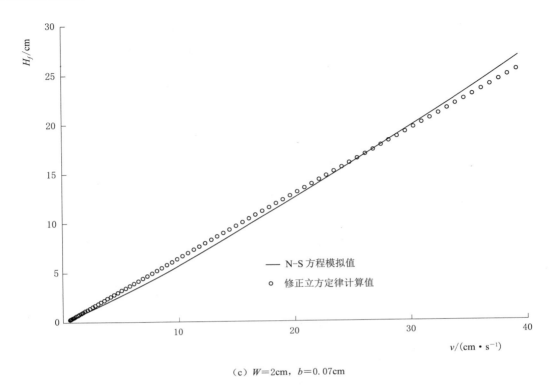

（c）$W=2\text{cm}$，$b=0.07\text{cm}$

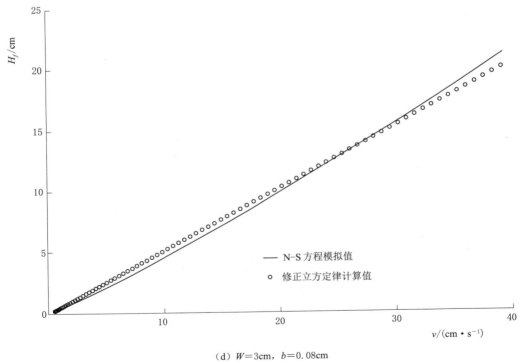

（d）$W=3\text{cm}$，$b=0.08\text{cm}$

图 3-19（二） N-S 方程模拟值与修正立方定律计算值对比图

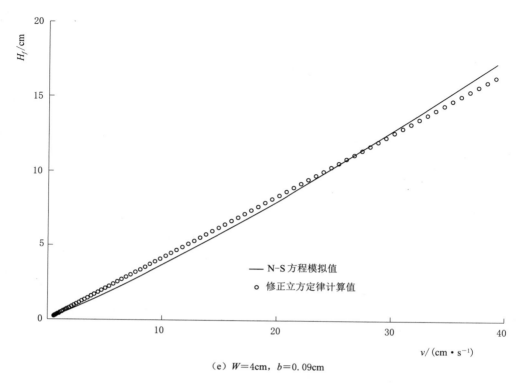

（e）$W=4\mathrm{cm}$，$b=0.09\mathrm{cm}$

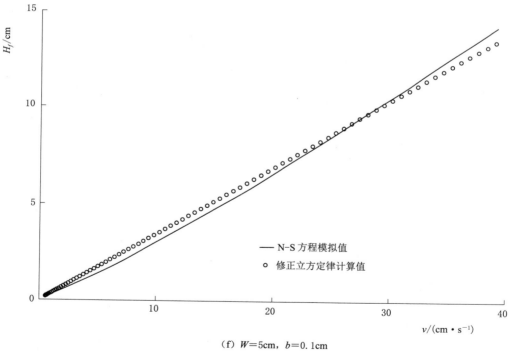

（f）$W=5\mathrm{cm}$，$b=0.1\mathrm{cm}$

图 3-19（三）　N-S 方程模拟值与修正立方定律计算值对比图

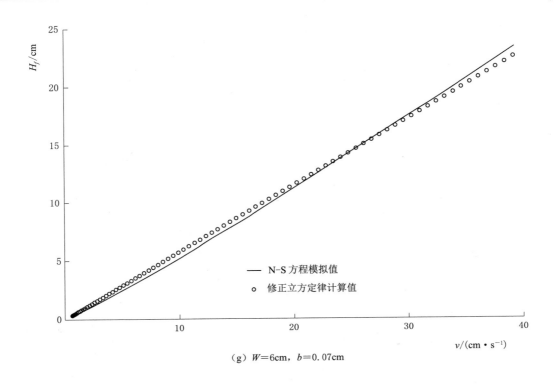

（g）$W=6\text{cm}$，$b=0.07\text{cm}$

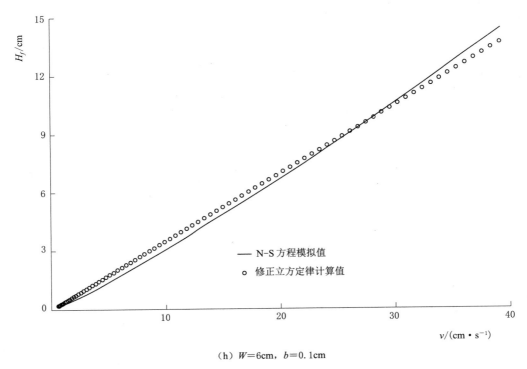

（h）$W=6\text{cm}$，$b=0.1\text{cm}$

图 3-19（四） N-S 方程模拟值与修正立方定律计算值对比图

隙开度增大，立方定律适用性降低。总体来讲，裂隙宽度越大，n 值越小，表明随着裂隙宽度的增大，立方定律适用性增强。这一结果与本书第 3.3.4.1 节得到的结果一致。

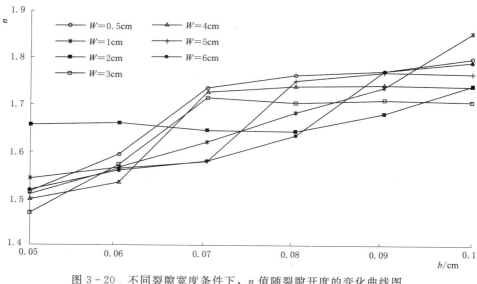

图 3 - 20　不同裂隙宽度条件下，n 值随裂隙开度的变化曲线图

3.3.4.3　闭合平行裂隙渗透系数分析计算

根据修正立方定律和达西定律，闭合平行裂隙渗透系数计算式为

$$K_f = \frac{\rho g}{12\mu\left[\dfrac{1}{b^2} + \dfrac{1}{W^2} + \left(\dfrac{W}{b}\right)^n \dfrac{1}{\max(b,W)^2}\right]} \qquad (3-11)$$

为研究闭合裂隙渗透系数随裂隙开度的变化，将不同裂隙开度条件下，闭合裂隙渗透系数随裂隙宽度变化作对比分析，结果如图 3 - 21 （a）所示。从图中可以看出，同一裂隙开度条件下，渗透系数随裂隙宽度的变化幅度不大。为研究闭合裂隙渗透系数随裂隙宽度的变化，将不同裂隙宽度条件下，闭合裂隙渗透系数随裂隙开度变化作对比分析，结果如图 3 - 21 （b）所示。从图中可以看出，同一裂隙宽度条件下，渗透系数随裂隙开度的增大而增大。为研究渗透系数随裂隙宽度与裂隙开度比值的变化，将不同裂隙宽度条件下，闭合裂隙渗透系数随裂隙宽度与裂隙开度比值的变化作对比分析，结果如图 3 - 21 （c）。研究结果表明，渗透系数随裂隙宽度与裂隙开度比值的增大而增大，两者之间呈指数关系。本次研究中，闭合裂隙渗透系数 K_f 在 $10\sim70\text{cm/s}$ 之间变化。

3.3.4.4　流速分布剖面分析

（1）不同开度条件下，流速分布剖面分析（S_2 模拟结果）。不同裂隙开度条件下，$X = 10\text{cm}$ 处流速分布如图 3 - 22 所示。从图中可以看出，二维裂隙面流速剖面形状变

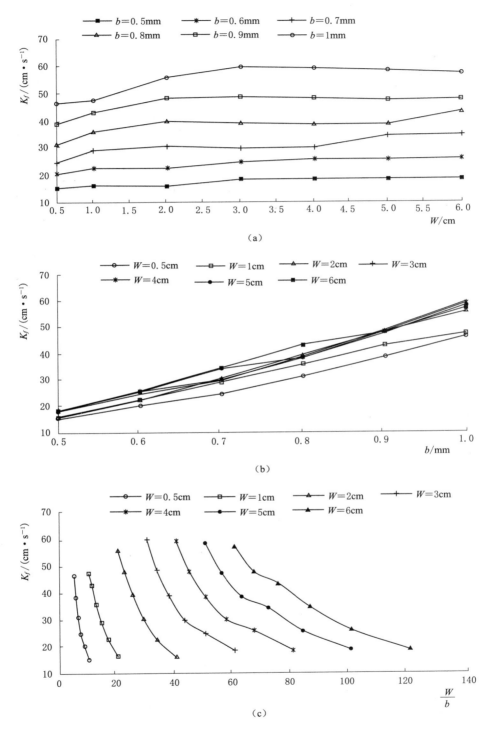

图 3-21 闭合平行裂隙渗透系数随裂隙宽度、开度、宽度开度比值变化曲线图

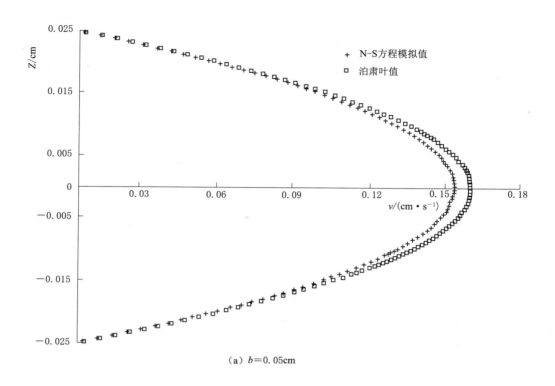

（a）$b=0.05$cm

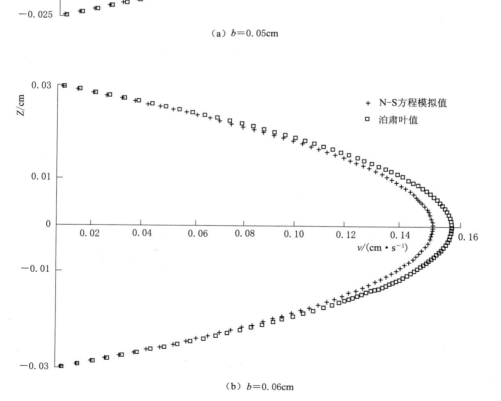

（b）$b=0.06$cm

图 3-22（一） 不同裂隙开度条件下，流速剖面分布图

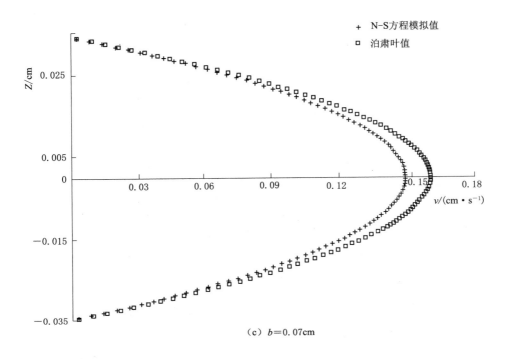

（c）b=0.07cm

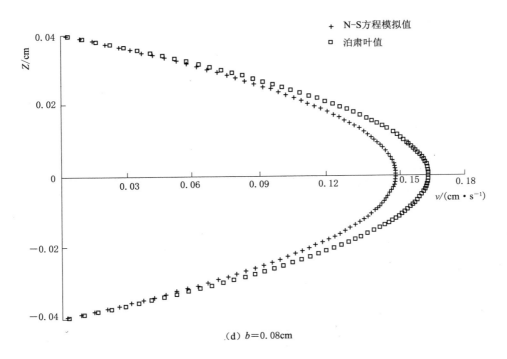

（d）b=0.08cm

图 3-22（二） 不同裂隙开度条件下，流速剖面分布图

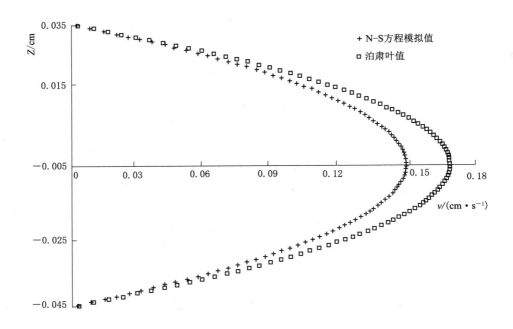

（e）$b=0.09$cm

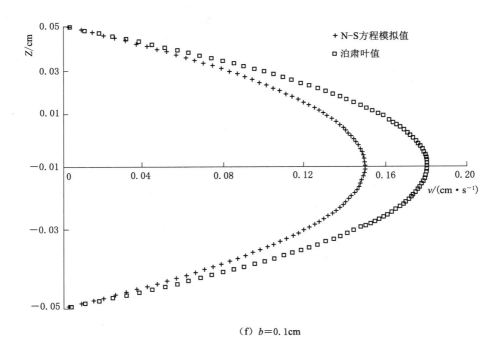

（f）$b=0.1$cm

图 3－22（三）　不同裂隙开度条件下，流速剖面分布图

化与理想泊肃叶流体流速形状变化基本一致，但是数值上有所差异。流速的最大值位于裂隙中心线处。流速最小值位于裂隙壁处且为零。不同开度条件下，流速模拟值与泊肃叶值之差（绝对偏差）沿质点位置（Z 轴）的变化如图 3-23（a）所示，相对偏差沿 Z 轴变化如图 3-23（b）所示。从图中可以看出，绝对偏差随裂隙开度的增大而增大，且离裂隙中心线（X 轴）越近，偏差越大。相对偏差沿质点位置（Z 轴）呈波动变化，变幅很小；相对偏差随裂隙开度的增大而增大，表明裂隙开度越大，流速分布越不符合标准抛物线分布。

（2）不同流速大小条件下，流速分布影响分析（S_3 模拟结果）。不同流速条件下，流速分布剖面如图 3-24 所示。N-S 方程模拟值与泊肃叶值之绝对偏差和相对偏差变化分别如图 3-25 所示。从图中可以看出，无论流速大小，模拟所得流速分布大致符合抛物线分布，流速最大值位于裂隙中心线处（即 X 轴上），离裂隙壁越近，流速越小，在裂隙壁处流速为零；流速越大，绝对偏差越大，在裂隙中心线处最大，离裂隙壁越近，偏差越小。而相对偏差随流速的变化幅度相对较小，表现为集中型。

（3）不同裂隙宽度条件下，流速分布影响分析（S_4 模拟结果）。取 XZ 面中线处 $Y=\dfrac{W}{2}$，沿 $X=\dfrac{L}{2}$ 的质点流速为研究对象，不同裂隙宽度条件下，流速分布如图 3-26 所示。在左、右两个裂隙面的影响下，流速分布不再是标准抛物线分布，裂隙中心线（即 $Y=\dfrac{W}{2}$ 处）两侧各分布有一个拐点。流速最大值不再分布于裂隙面中心线处，而

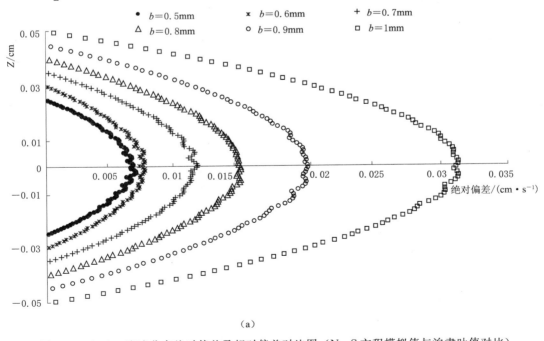

（a）

图 3-23（一）　流速分布绝对偏差及相对偏差对比图（N-S 方程模拟值与泊肃叶值对比）

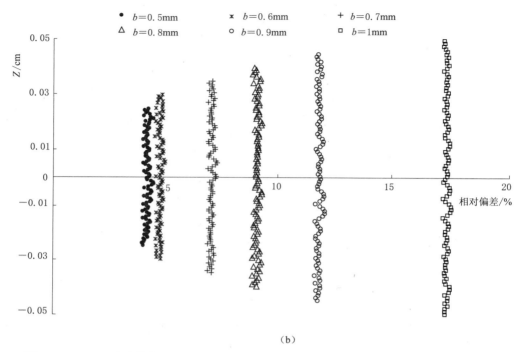

图 3-23（二）　流速分布绝对偏差及相对偏差对比图（N-S 方程模拟值与泊肃叶值对比）

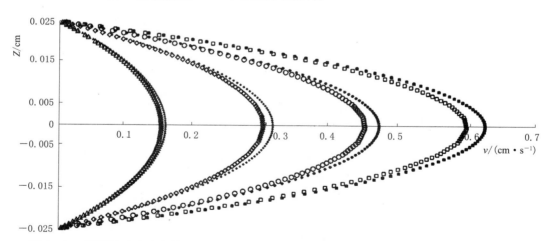

图 3-24　不同流速大小条件下，流速剖面分布对比图（N-S 方程模拟值与泊肃叶值对比图）

是分布于裂隙中心线附近。将不同裂隙宽度条件下，流速分布曲线绘制在一张图中，如图 3-27 所示。从图中可以看出，不同裂隙宽度条件下，除数值有所差别外，流速分布曲线形状特征相似，裂隙宽度 $W \geqslant 3\text{cm}$ 的 4 条曲线几乎重合在一起，表明随着裂

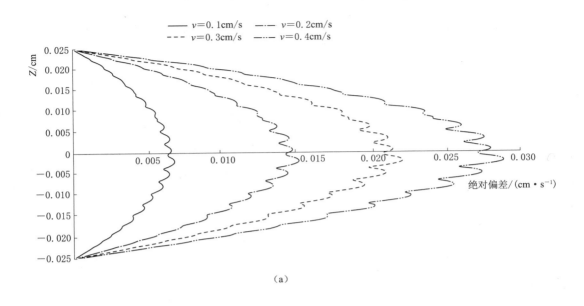

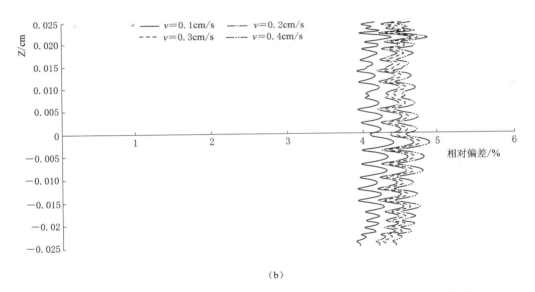

图 3-25　不同流速大小条件下，流速分布绝对偏差与相对偏差分布图

隙宽度的增大，裂隙宽度的大小对流速分布曲线的影响越弱。

取 XY 面中心线处 $Z=\dfrac{b}{2}$，沿 $X=\dfrac{L}{2}$ 质点流速为研究对象，不同裂隙宽度条件下，流速分布如图 3-28 所示。从图中可以看出流速值沿 Y 轴波动较小，在裂隙壁处骤减为 0，随着裂隙宽度的增大，流速波动幅度变小，裂隙宽度 $W \geqslant 3\text{cm}$ 的 4 条曲线几乎重合在一起，表明随着裂隙宽度的增大，裂隙宽度的大小对流速分布曲线的影响减弱。

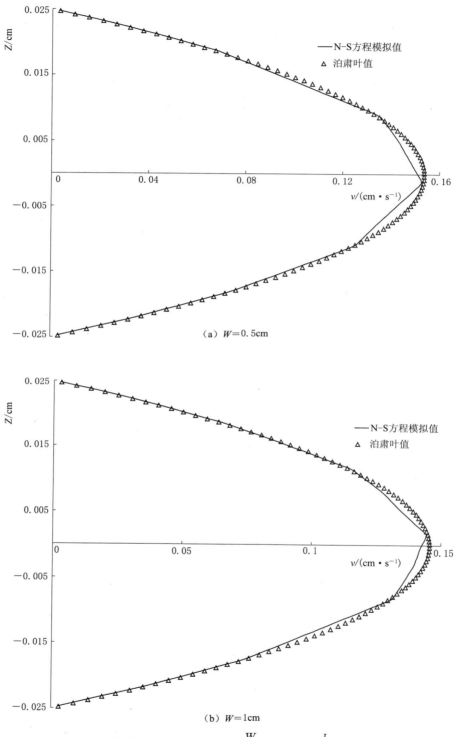

（a）$W=0.5\text{cm}$

（b）$W=1\text{cm}$

图 3-26（一）　不同裂隙宽度条件下，$Y=\dfrac{W}{2}$ 处，沿 $X=\dfrac{L}{2}$ 的质点流速分布图

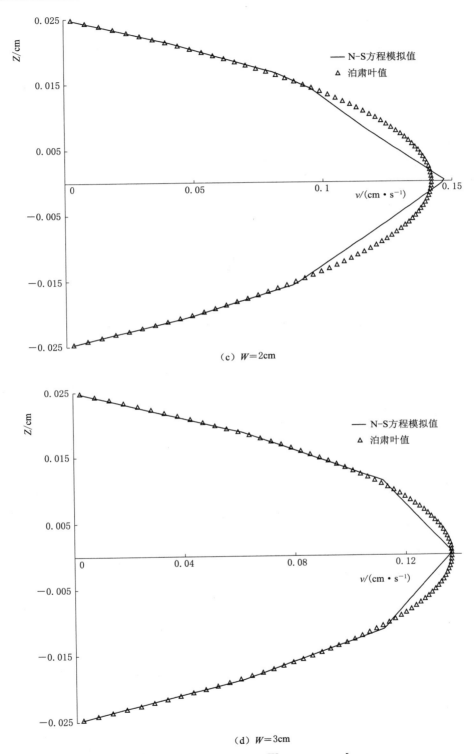

（c）$W=2\text{cm}$

（d）$W=3\text{cm}$

图 3 - 26（二） 不同裂隙宽度条件下，$Y=\dfrac{W}{2}$ 处，沿 $X=\dfrac{L}{2}$ 的质点流速分布图

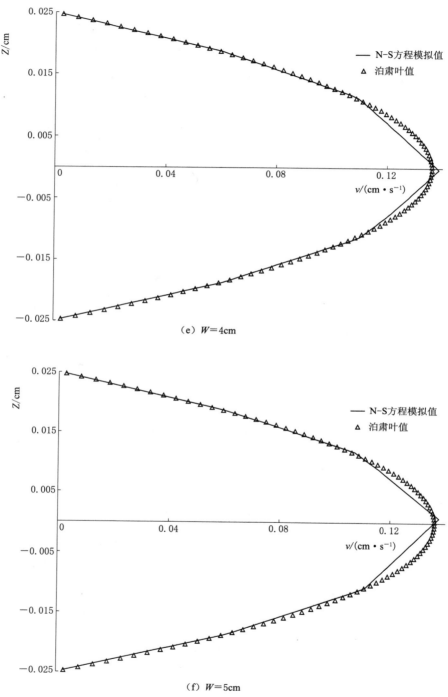

（e）$W=4\text{cm}$

（f）$W=5\text{cm}$

图 3 - 26（三）　不同裂隙宽度条件下，$Y=\dfrac{W}{2}$ 处，沿 $X=\dfrac{L}{2}$ 的质点流速分布图

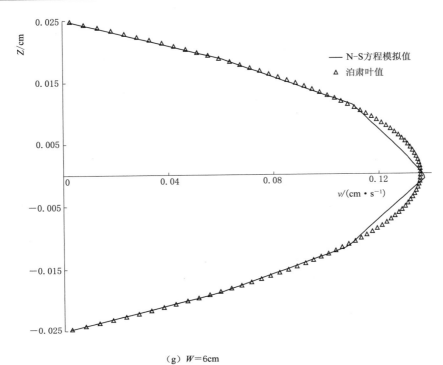

（g）$W=6\text{cm}$

图 3-26（四） 不同裂隙宽度条件下，$Y=\dfrac{W}{2}$ 处，沿 $X=\dfrac{L}{2}$ 的质点流速分布图

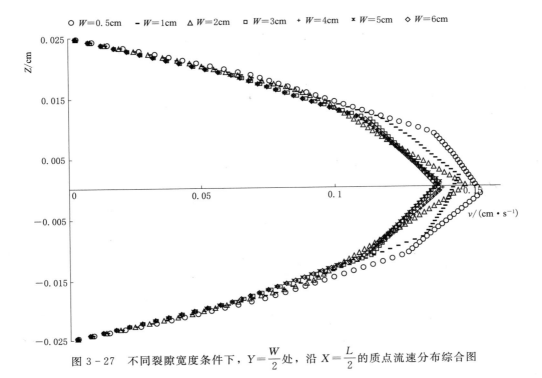

图 3-27 不同裂隙宽度条件下，$Y=\dfrac{W}{2}$ 处，沿 $X=\dfrac{L}{2}$ 的质点流速分布综合图

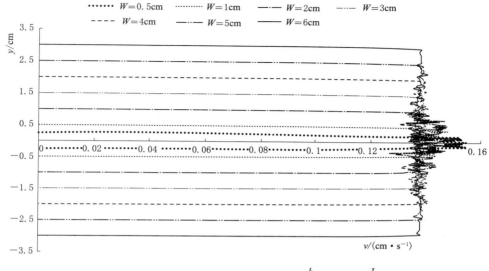

图 3 - 28　不同裂隙宽度条件下，XY 面中心线处 $Z = \dfrac{b}{2}$，沿 $X = \dfrac{L}{2}$ 质点流速综合图

3.4　复杂单裂隙水流运动特征研究

本书研究的复杂单裂隙示意图及实物图分别如图 2 - 3，图 2 - 4 所示，两组裂隙面（L_1，L_2 所在裂隙面）分别平行，两组裂隙面间有一定夹角 β。相对于平行裂隙，半交叉单裂隙更符合野外实际情况，对于半交叉单裂隙水流运动特征的研究主要是研究不同角度对裂隙水流的影响。

本次研究共设计制作了不同裂隙开度 b（$1 \sim 2.5\text{mm}$ 之间变化），不同角度 β（分别为 $15°$，$30°$，$45°$，$60°$，$90°$，$105°$，$120°$，$150°$，$165°$ 共 9 个不同的角度）的裂隙共 30 个。

利用本书第 3.1 节介绍的裂隙水头损失测量方法，测量 30 个裂隙的总水头损失 h_w 随流速的变化。对于开度 $b < 1.4635\text{mm}$ 的裂隙，利用修正立方定律计算裂隙平行部分的水头损失 h_f，对于 $b > 1.4635\text{mm}$ 的裂隙，利用达西-魏斯巴赫公式计算平行部分的水头损失，公式中的圆管直径 d 由矩形过水断面的水力半径代替计算，再由 $h_w - h_f$ 得到局部水头损失。

3.4.1　裂隙总水头损失 H_w 测量结果

分别取折角 $\beta < 90°$、$\beta = 90°$、$\beta > 90°$ 3 个不同的角度为例介绍复杂单裂隙总水头损失随流速变化曲线，其他角度的裂隙变化曲线类似，此处不再赘述。不同裂隙开度，不同折角条件下，裂隙总水头损失 H_w 随流速变化如图 3 - 29 所示。

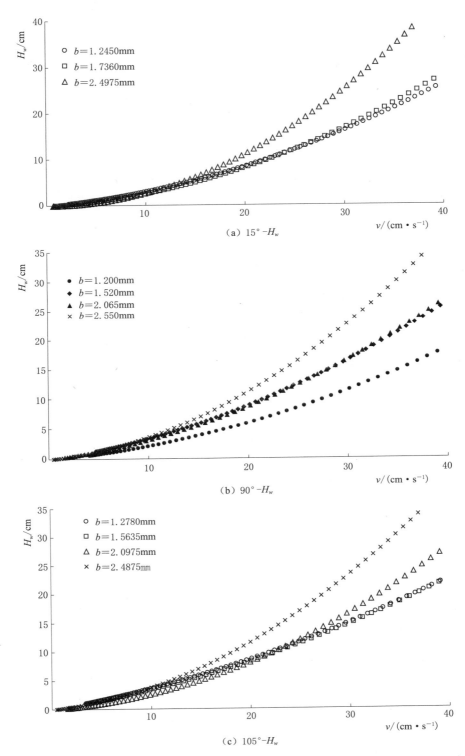

图 3-29 不同裂隙开度，不同折角条件下，裂隙总水头损失 H_w 随流速变化曲线图

从图 3 - 29 中可以看出，不同折角条件下，水流流速较小时，半交叉裂隙总水头损失 H_w 与裂隙开度之间没有明显的关系，然而随着流速的增大，总水头损失 H_w 随裂隙开度的增大而增大，这主要是由于裂隙开度增大导致局部水头损失增大，即使裂隙开度增大导致沿程水头损失减小。

对复杂单裂隙总水头损失 H_w 与流速 v 之间的关系曲线进行拟合。研究结果表明，H_w 与 v 之间存在二次函数关系，计算式为

$$H_w = A_w v^2 + B_w v \qquad (3-12)$$

不同折角，不同裂隙开度条件下，系数 A_w 与 B_w 取值变化如图 3 - 30 所示。从图

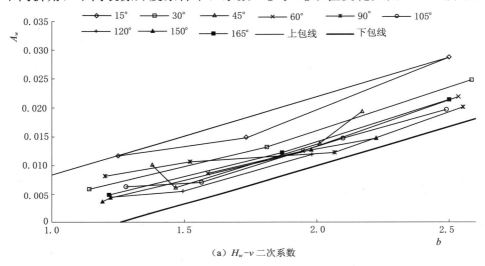

（a）$H_w - v$ 二次系数

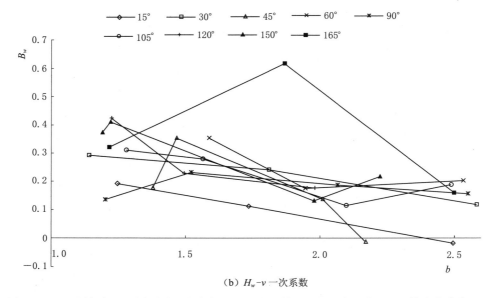

（b）$H_w - v$ 一次系数

图 3 - 30　不同折角，不同裂隙开度条件下，二次系数 A_w 与一次系数 B_w 取值变化曲线图

中可以看出，裂隙开度越大，二次系数 A_w 越大，而系数 A_w 与折角之间没有明确的关系。不同折角，不同裂隙开度条件下，系数 A_w 位于上包线 $y=0.0135x-0.0051$ 以及下包线 $y=0.0135x-0.0170$ 之间。一次系数 B_w 取值比较均匀，绝大多数取值为 $-0.1\sim0.5$。

3.4.2 裂隙局部水头损失 H_j 计算结果

不同裂隙开度，不同折角条件下，裂隙局部水头损失 H_j 随流速变化如图 3-31 所示。局部水头损失主要由复杂单裂隙的折角 β 所导致。与总水头损失 H_w 变化相类似的是，水流流速较小时，不同折角条件下，局部水头损失与裂隙开度之间没有明显的关系，然而随着流速的增大，局部水头损失随裂隙开度的增大而增大。

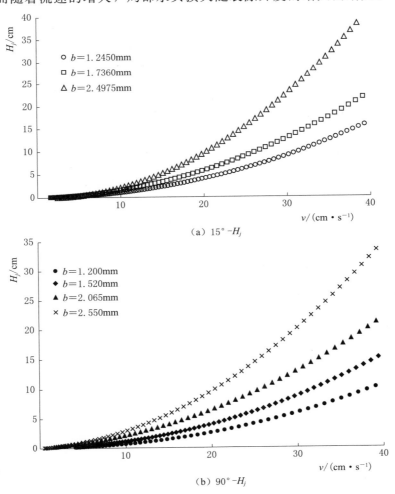

图 3-31（一） 不同裂隙开度，不同折角条件下，裂隙局部水头损失 H_j 随流速变化曲线图

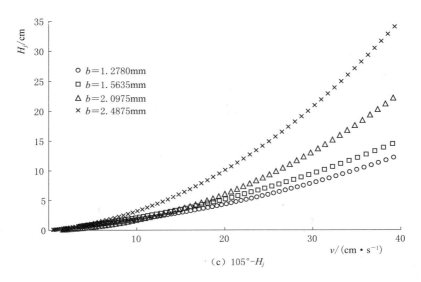

（c）$105°-H_j$

图 3-31（二）　不同裂隙开度，不同折角条件下，裂隙局部水头损失 H_j 随流速变化曲线图

对复杂单裂隙总水头损失 H_j 与流速 v 之间的关系曲线进行拟合。研究结果表明，H_j 与 v 之间存在二次函数关系，计算式为

$$H_j = A_j v^2 + B_j v \tag{3-13}$$

不同折角，不同裂隙开度条件下，系数 A_j 与 B_j 取值变化如图 3-32 所示。从图中可以看出，裂隙开度越大，二次系数 A_j 越大，而系数 A_j 与折角之间没有明确的关系。不同折角，不同裂隙开度条件下，系数 A_j 位于上包线 $y = 0.0144x - 0.0079$ 以及下包线

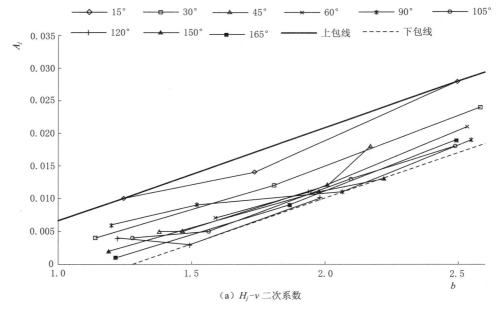

（a）H_j-v 二次系数

图 3-32（一）　不同折角，不同裂隙开度条件下，二次系数 A_j 与一次系数 B_j 取值变化曲线图

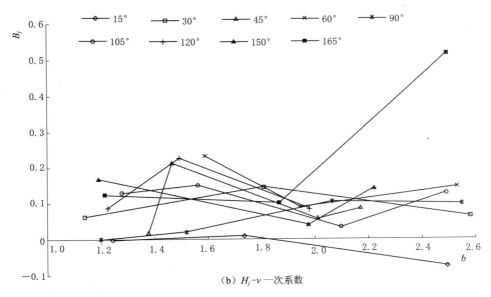

（b）H_j-v 一次系数

图 3-32（二） 不同折角，不同裂隙开度条件下，二次系数 A_j 与一次系数 B_j 取值变化曲线图

$y=0.0144x-0.0181$ 之间。一次系数 B_j 取值比较均匀，绝大多数为 $-0.1\sim0.25$。

3.5 本章小结

本章主要通过物理试验和数值模拟两种方法对裂隙流的运动特征进行了研究，现总结如下：

（1）利用自行设计研制的裂隙水头损失测量试验装置，测量得到了不同裂隙开度及不同裂隙宽度的裂隙水头损失随流速的变化曲线，对比试验结果与立方定律以及达西-魏斯巴赫公式等理论公式，对裂隙流以及管道流的特性进行了识别。

（2）利用有限元仿真软件对裂隙流进行了数值模拟，并根据模拟结果对闭合裂隙中立方定律的有效性进行了验证，以极限流速和极限雷诺数为依据，得出了立方定律的适用范围。提出了包含裂隙开度、裂隙宽度以及两者比值的修正立方定律，并研究了闭合裂隙渗透系数的变化特征以及流速剖面分布影响分析。

（3）基于水头损失测量结果以及闭合平行单裂隙研究成果，对复杂单裂隙的总水头损失以及局部水头损失进行了研究，主要揭示了复杂单裂隙总水头损失以及局部水头损失对裂隙开度和裂隙折角的响应变化。

第 4 章

裂隙网络-管道双重介质
水流运动特征研究

裂隙网络-管道双重介质水流运动非常复杂,具有高度的非均质性和各向异性,现有研究相对薄弱。对裂隙网络-管道双重介质水流运动特征开展深入研究对于指导岩溶水可持续开发利用和石漠化治理,推动岩溶水运动规律研究具有重要的科学意义。本章主要介绍室内物理模型模拟试验,对裂隙网络-管道双重介质水头分布进行分析,在研究落水洞水位变化情况的基础上进行公式推导,通过开展有无落水洞条件下管道水头变化研究等内容,得到双重介质水流运动特征及规律。

4.1 室内物理模型模拟、试验方案

4.1.1 水文情景设置

裂隙网络-管道含水介质中地下水位的变化与含水层的补给、排泄关系密切相关。含水层的补排关系及其对应的含水层水位变化主要有 3 种:①补给大于排泄,含水层水位上升;②补给小于排泄,含水层水位下降;③补给等于排泄,含水层水位保持稳定。在试验室条件下,分别设置 3 个不同的水文情景研究裂隙网络-管道双重介质中水位变化特征。为更好地理解裂隙网络-管道双重介质水位的变化特征,分别对应 3 个不同的水文情景设置 3 组对照试验。

1. 水文情景一(只有补给)

水文情景一,排泄口阀门保持关闭,设置不同的补给强度。试验开始前,设置定水头补给,然后补给阀门开至刻度 1,进行恒定补给强度补给,直至装置中水位上升至介质顶部,此次试验结束。打开排泄阀门,直至含水介质中的水全部排出,关闭排泄阀门,一次试验结束。下一次试验开始前时,补给阀门开至不同的刻度,重复以上步骤。整个试验过程中,压力传感器监测水头变化。

对照试验中,由透明有机玻璃制成的直径为 24.2cm 的玻璃桶代替裂隙网络-管道试验装置,设置不同的补给强度,进行相同的试验操作。在玻璃桶底部连接一个压力传感器,在整个试验过程中,监测水头变化。

2. 水文情景二(只有排泄)

水文情景二,设置不同的含水层初始饱和厚度。对应每一个含水层初始饱和厚度，用不同直径的塑胶管连接装置底部管道出口模拟不同直径的泉口，以此来设置不同的泉口大小。试验开始前，关闭排泄口阀门，打开补给阀门，开始补给裂隙网络-管道含水介质，直至水位升至某一高度（此高度即为含水层初始饱和厚度）后，关闭补给阀门。打开排泄阀门，试验开始，水从泉口流出，流入排泄水箱，直至水流从装置中全部排出，此次试验结束，试验过程中，压力传感器监测水头变化。更换不同直径的塑胶管，设置不同的含水层初始饱和厚度，重复以上试验步骤。

对照试验中，由透明有机玻璃制成的直径为 24.2cm 的圆形玻璃桶代替裂隙网络-管道试验装置，设置不同的含水层初始饱和厚度及泉口大小，进行相同的试验操作。玻璃桶底部连接一只压力传感器，在整个试验过程中，监测水头变化。

3. 水文情景三（既有补给又有排泄）

水文情景三，设置既有补给又有排泄，即同时打开补给阀门和排泄阀门，若试验开始时补给大于排泄，则裂隙网络-管道模型中水位上升，水位上升至装置顶部时，关闭补给阀门，直至水流从装置中排完，试验结束。若试验开始时补给等于排泄，则至裂隙网络-管道模型中水位达到平衡时关闭补给阀门，直至水流从装置中排完，试验结束。在此水文情景下，设置不同的补给强度进行相同的试验操作，整个试验过程中，压力传感器监测水头变化。

对照试验中，由有机玻璃制成的直径为 24.2cm 的圆形玻璃桶代替裂隙网络-管道物理试验模型，设置不同的补给强度。进行与上述相同的试验操作。玻璃桶底部连接一只压力传感器，在整个试验过程中，监测水头变化。

4.1.2　泉口大小设置

由于岩溶水中溶有二氧化碳，岩溶水在流动过程中会对岩石产生侵蚀作用，从而产生溶孔、溶洞，或是使溶洞规模扩大，由于泉口与岩溶水的作用时间最长，所以侵蚀作用最强，因此，在本书研究中主要考虑泉口大小的变化。泉口大小设置可通过在排泄口处连接不同直径的塑胶管实现。

4.1.3　介质空隙结构特征设置

介质空隙结构的改变主要通过设置落水洞的有无来实现。落水洞由右侧预留的空隙构成，同时制作了跟落水洞尺寸几乎一致的玻璃块。在进行试验时，若不需要落水洞，则可将玻璃块放入落水洞空隙。

4.1.4　模型倾角设置

可通过抬高裂隙网络-管道物理模型的一侧（落水洞一侧或者泉口一侧）设置不同的模型倾角。本书研究中，在落水洞一侧垫入不同高度的玻璃砖块来改变含水层倾角。根据贵州省普定后寨岩溶含水系统的野外水文地质调查结果，试验过程中设置0°、5°、8° 3个不同的含水层倾角，模型后视示意图分别如图4-1～图4-3所示。对应3个不同的含水层倾角，水头监测点坐标，见表4-1～表4-3。

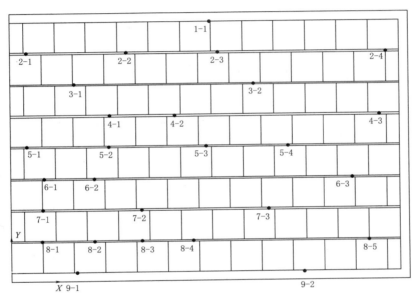

图4-1　裂隙网络-管道双重介质装置后视图（含水层倾角为0°）

表4-1　　　　　　　　　　水头监测点坐标（含水层倾角为0°）

探头标号	X/cm	Y/cm	探头标号	X/cm	Y/cm
1-1	64.45	87.08	6-1	10.73	34.24
2-1	5.44	76.26	6-2	27.00	34.24
2-2	37.53	76.26	6-3	110.69	34.24
2-3	67.26	76.26	7-1	10.65	23.74
2-4	121.73	76.26	7-2	42.31	23.74
3-1	20.76	65.75	7-3	83.65	23.74
3-2	78.79	65.75	8-1	10.00	13.24
4-1	32.20	55.27	8-2	26.84	13.24
4-2	53.41	55.27	8-3	42.43	13.24
4-3	119.48	55.27	8-4	58.82	13.24
5-1	5.24	44.74	8-5	116.05	13.24
5-2	31.83	44.74	9-1	21.14	3.00
5-3	63.54	44.74	9-2	95.01	3.00
5-4	89.82	44.74			

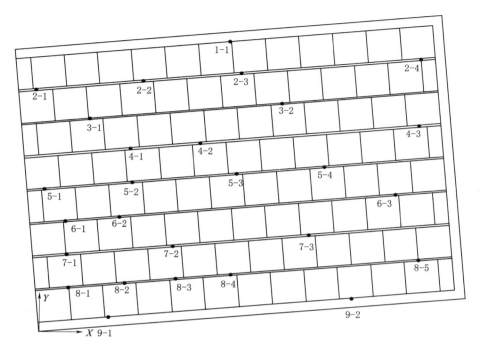

图 4-2 裂隙网络-管道双重介质装置后视图（含水层倾角为 5°）

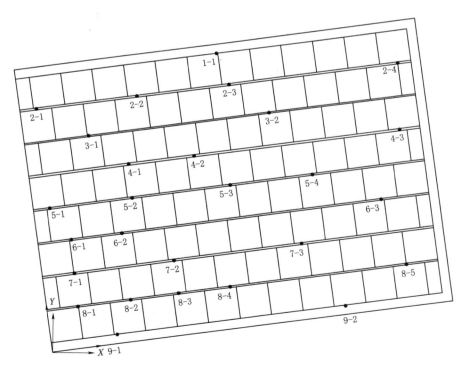

图 4-3 裂隙网络-管道双重介质装置后视图（含水层倾角为 8°）

表 4 - 2   **水头监测点坐标（含水层倾角为 5°）**

探头标号	X/cm	Y/cm	探头标号	X/cm	Y/cm
1 - 1	57.42	91.95	6 - 1	7.80	35.18
2 - 1	-0.59	76.53	6 - 2	24.29	36.20
2 - 2	31.45	79.17	6 - 3	107.76	43.06
2 - 3	61.18	81.49	7 - 1	8.62	24.68
2 - 4	115.48	85.75	7 - 2	40.19	27.18
3 - 1	15.52	67.41	7 - 3	81.46	30.40
3 - 2	73.35	72.02	8 - 1	8.87	13.91
4 - 1	27.87	57.75	8 - 2	25.68	15.35
4 - 2	49.00	59.48	8 - 3	41.29	16.64
4 - 3	115.03	64.65	8 - 4	57.66	17.84
5 - 1	1.65	45.10	8 - 5	114.70	22.34
5 - 2	28.18	47.25	9 - 1	20.78	4.00
5 - 3	59.73	49.71	9 - 2	94.42	9.80
5 - 4	86.05	51.76			

表 4 - 3   **水头监测点坐标（含水层倾角为 8°）**

探头标号	X/cm	Y/cm	探头标号	X/cm	Y/cm
1 - 1	51.64	95.16	6 - 1	5.77	35.96
2 - 1	-5.26	76.47	6 - 2	22.30	37.54
2 - 2	27.42	81.00	6 - 3	104.98	49.93
2 - 3	56.36	85.13	7 - 1	7.34	25.34
2 - 4	110.30	92.40	7 - 2	38.84	29.87
3 - 1	11.48	68.21	7 - 3	79.79	35.57
3 - 2	68.76	76.47	8 - 1	8.33	14.92
4 - 1	24.27	59.76	8 - 2	24.67	16.89
4 - 2	45.53	62.71	8 - 3	40.22	19.25
4 - 3	110.89	71.75	8 - 4	56.56	21.21
5 - 1	-0.93	45.40	8 - 5	113.06	29.28
5 - 2	25.65	48.94	9 - 1	20.92	5.68
5 - 3	56.95	53.47	9 - 2	93.76	15.51
5 - 4	82.74	57.01			

4.2　水头分布分析

4.2.1　稳定流条件

本书对装置无落水洞，倾角为 0°条件进行稳定流试验。试验结果表明，在稳定流条件下，裂隙网络-管道双重介质水头分布基本呈平行线分布，相同位置高度处监测到的水头值几乎相等，一般而言，靠近泉口的位置的水头值略小。不同位置高度处监测到的水头值由裂隙网络-管道双重介质试验装置的顶部至底部，依次减小，补给强度 $Q_{re}=39.50\text{mL/s}$ 时，由 Surfer 软件生成的水头分布值如图 4-4 所示。

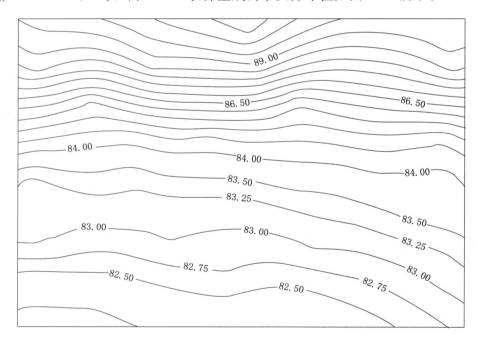

图 4-4　裂隙网络-管道双重介质水头分布值
（无落水洞，补给强度 $Q_{re}=39.50\text{mL/s}$）

装置无落水洞，无倾角，不同补给强度条件下，整个装置的水头损失变化如图 4-5 所示。从图中可以看出，补给强度越大，水头损失越大，这是由于补给强度越大，水流流速越大，从而导致水头损失越大。当补给强度 $Q_{re}>39.50\text{mL/s}$ 时，水头损失迅速增大，然后逐渐趋于稳定，可能的原因是，补给强度的增大，水流流速增大，导致试验过程中含水介质处于未饱和状态，而使水头损失增大。补给强度 $Q_{re}<39.50\text{mL/s}$ 时，水头损失小于 10cm。

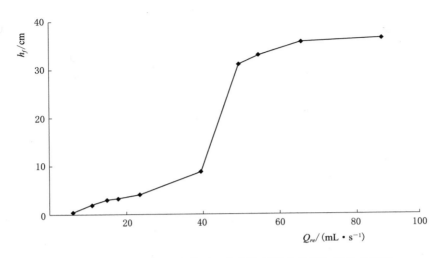

图 4-5 不同补给强度条件下，整个装置的水头损失变化曲线图

无落水洞条件下，裂隙网络-管道双重介质中水流流向示意图如图 4-6 所示。对垂向裂隙由上往下，从左到右分别编号，则 $F(i, j)$ 表示位于第 i 行，第 j 列的裂隙。

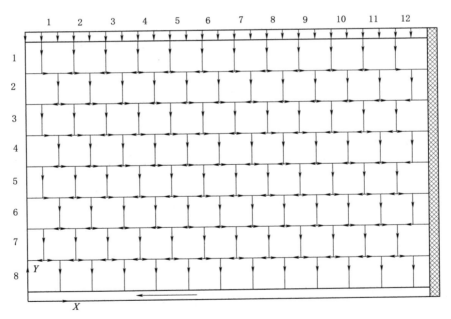

图 4-6 裂隙网络-管道双重介质中水流流向示意图
（无落水洞，含水层倾角为 0°）

设降雨对裂隙均匀补给，则对于第 1 行的 12 条裂隙，流量相等，设为 Q，即 $Q(1, j) = Q$，则坐标为 (i, j) 的裂隙中的流量 $Q(i, j)$，见表 4-4。

表 4 - 4　　　　　　　　　　坐标为 (i, j) 的裂隙中的流量 $Q(i, j)$

$Q(i, j)$	1	2	3	4	5	6	7	8	9	10	11	12
1	Q	Q	Q	Q	Q	Q	Q	Q	Q	Q	Q	Q
2	3Q/2	Q	Q	Q	Q	Q	Q	Q	Q	Q	Q	Q/2
3	3Q/4	5Q/4	Q	Q	Q	Q	Q	Q	Q	Q	Q	Q
4	11Q/8	9Q/8	Q	Q	Q	Q	Q	Q	Q	Q	Q	Q/2
5	11Q/16	20Q/16	17Q/16	Q	Q	Q	Q	Q	Q	Q	Q	Q
6	42Q/32	37Q/32	33Q/32	Q	Q	Q	Q	Q	Q	Q	Q	Q/2
7	42Q/64	79Q/64	70Q/64	65Q/64	Q	Q	Q	Q	Q	Q	Q	Q
8	163Q/128	149Q/128	135Q/128	129Q/128	Q	Q	Q	Q	Q	Q	Q	Q/2

坐标为 (i, j) 的裂隙中的流量 $Q(i, j)$ 表示为

$$\begin{cases} Q(i,j) = \dfrac{Q(i-1,1)}{2}, & i \text{ 为大于 1 的奇数}, j = 1 \\[2mm] Q(i,j) = \dfrac{Q(i-1,j)}{2} + \dfrac{Q(i-1,j+1)}{2}, & i \text{ 为大于 1 的奇数}, j > 1 \\[2mm] Q(i,j) = \dfrac{Q(i-1,j) + Q(i-1,j+1)}{2}, & i \text{ 为偶数}, j = 1 \\[2mm] Q(i,j) = \dfrac{Q(i-1,j)}{2} + \dfrac{Q(i-1,j+1)}{2}, & i \text{ 为偶数}, j > 1 \end{cases}$$

4.2.2　非稳定流条件

在非稳定流条件下，无论装置有无落水洞，裂隙网络-管道双重介质试验装置上各个水头监测点监测到的水头值相差不大，即水头损失较小，而且不同坐标点处的水头在试验过程中的变化规律基本一致。

稳定流条件下水头损失较大，而非稳定流条件下水头损失较小的原因如下，压力传感器监测的水头为测压管水头，测压管水头损失为总的水头损失（摩擦导致的水头损失）与流速水头增加量之和，在稳定流条件下的流速水头增加量远远大于非稳定流条件下的流速水头增加量，而摩擦导致的水头损失较运动水头的增加量要小得多，所以稳定流条件下水头损失较大，而非稳定流条件下水头损失较小。

本书对已有落水洞情况下的落水洞水位，以及无落水洞情况下的底部管道水头为研究对象进行分析研究。选取落水洞水位以及底部管道水头为研究对象，主要是考虑到，在实际野外地区，落水洞水位以及管道水头的观测采集相对比较容易，而且试验数据比较有代表性。

4.3 落水洞水位变化研究

岩溶含水系统通常具有多重性-入渗过程的多重性，以及排泄过程的多重性，正是由于岩溶含水系统的多重性，从而导致了岩溶含水系统的高度非均质性，因此，传统的地下水流运动规律-达西定律在岩溶含水系统中不再适用，野外试验等传统的水文地质学方法在岩溶含水系统中也难以应用。在孔隙介质中通过地下水位观测井，可以准确地、连续地观测地下水水位变化，而相同的方法在岩溶含水系统中不再适用，近距离分布的观测井，可能得到随机分布的不同的观测数据，而这一差值可以达到几米甚至十几米，更有甚者，打在岩石中的观测井则无法观测到水位的波动，无法达到试验目的。因此，通过物理模型模拟试验研究岩溶含水系统水位变化十分必要。

落水洞水位的变化与含水层的补给与排泄关系密切相关，现有含水层补给与排泄关系的研究方法主要有室内物理模型、经验模型，水库模型、统计模型和信号理论等方法。岩溶含水系统水位变化的研究方法主要有神经网络法，神经网络虽然可以预测地下水变化的大体趋势，但不可以准确预测由于水位剧烈波动导致的水位突变点。除了神经网络法，SWMM（Storm Water Management Model）也被用来预测地下水水位的变化。本书研究主要通过室内物理模型试验研究落水洞水位对于不同水文情景关系以及不同物理模型结构特征的响应变化。

4.3.1 落水洞水位对水文情景一的响应变化

4.3.1.1 含水层倾角为 0°

裂隙网络-管道双重介质物理模型水平放置，即含水层倾角 $\alpha = 0°$。

试验共设置 8 个不同的补给强度，主要研究含水层倾角 $\alpha = 0°$ 条件下，落水洞水位对不同补给强度的响应变化。分析试验数据，得到不同补给强度条件下，落水洞水位随时间变化曲线，如图 4-7 所示。

图 4-7 中，落水洞水位变化曲线对应的补给强度 Q_{re} 自左至右逐渐减小。从图 4-7 中可以看出，补给强度越大，含水层底部管道开始得到补给的时刻越早，落水洞水位开始上升的时间越早，即水流滞后时间越短，相应的落水洞水位上升越快。在同一补给强度条件下，随落水洞水位的不断上升，水位上升变化率减小，主要是由水流在裂隙网络中的滞后作用导致，补给到裂隙网络-管道含水介质的水流不能直接到达底部管道和落水洞，而是经过裂隙网络的"过滤"到达含水层底部管道和落水洞，由

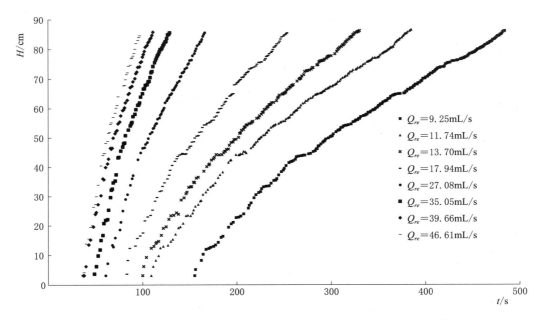

图 4-7　不同补给强度条件下落水洞水位随时间变化曲线图（$\alpha = 0°$）

于相对于管道而言，裂隙网络的低渗透性，在含水层得到补给后，并非全部的水流直接到达底部管道和落水洞，在补给过程中始终有一部分水储存在裂隙网络中，而随着水位的上升，下部的裂隙网络-管道介质逐渐饱和，非饱和含水层部分的体积越来越小，从而非饱和区储存水量对于饱和区的补给量越来越少，因此导致水位上升变化率逐渐减小。

　　为进一步研究落水洞水位的变化规律，应用 Matlab 程序分别对这 8 条落水洞水位变化曲线进行拟合，拟合结果表明，落水洞水位与时间之间呈对数关系，计算式为

$$H = A\ln(t) + B \tag{4-1}$$

式中　H——落水洞水位，cm；

　　　t——时间，s；

　　　A——系数，cm/s；

　　　B——系数，cm。

　　式（4-1）中，系数 A 与补给强度 Q_{re} 变化密切相关，两者的关系可由直线表达，如图 4-8 所示。

$$A = 0.66Q_{re} + 59.64 \tag{4-2}$$

　　而系数 B 与补给强度 Q_{re} 之间无明显函数关系，在 -293.72～-346.71 变化，取其平均值，为 -317.67，记为 B_0，用于数学模型的建立。

　　联合式（4-1）及式（4-2）可得落水洞水位变化表达式为

$$H = f(Q_{re})\ln(t) + B_0 \tag{4-3}$$

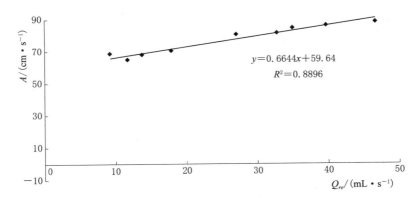

图 4-8 系数 A 与补给强度 Q_{re} 之间的相关关系曲线图（$\alpha=0°$）

为修正由 B_0 代替 B 带来的误差，引入修正系数 h_0。设 H_{ti} 为补给强度为 i，t 时刻的落水洞水位，H_{tj} 由式（4-3）计算。而 $H_{ti}-H_{tj}$ 为一常数，记为 h_0。h_0 与补给强度 Q_{re} 之间存在二次函数关系，如图 4-9 所示。

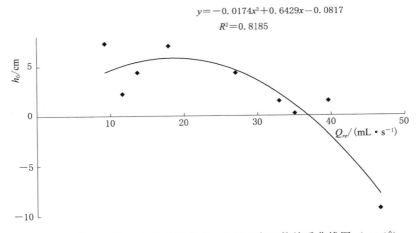

图 4-9 修正系数 h_0 与补给强度 Q_{re} 之间二次函数关系曲线图（$\alpha=0°$）

含水层倾角为 0°条件下，落水洞水位对不同补给强度的响应变化的计算式为

$$H=f(Q_{re})\ln(t)+B_0+h_0 \tag{4-4}$$

$$h_0=-0.017Q_{re}^2+0.642Q_{re}-0.081 \tag{4-5}$$

为验证式（4-4）的正确性，对补给强度 $Q_{re}=23.07\text{mL/s}$ 时的物理试验测量值与数学模型计算值进行对比，对比结果如图 4-10 所示。从图中可以看出，两者吻合度较高，因此该数学模型具有较高的可信度。

4.3.1.2 含水层倾角为 5°

将裂隙网络-管道双重介质物理模型的落水洞一侧用玻璃支架垫高，使模型底部

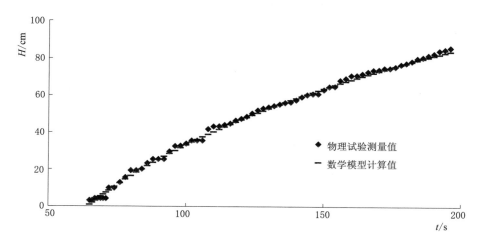

图 4-10　物理试验测量值与数学模型计算值对比图（$Q_{re}=23.07\text{mL/s}$）

管道与水平方向成 5°夹角，即含水层倾角 α 为 5°。

试验共设置 9 个不同的补给强度，主要研究含水层倾角为 5°条件下，落水洞水位对补给强度的响应变化。分析试验数据，得到不同补给强度条件下，落水洞水位随时间变化曲线如图 4-11 所示。

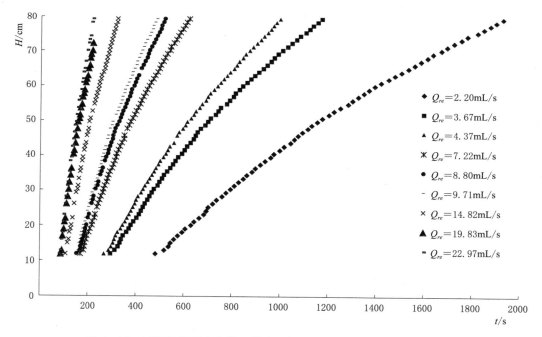

图 4-11　不同补给强度条件下落水洞水位随时间变化曲线图（$\alpha=5°$）

图 4-11 中，落水洞水位变化曲线对应的补给强度（Q_{re}）自左至右逐渐减小。从图 4-11 中可以看出，补给强度越大，含水层底部管道开始得到补给的时刻越早，即

水流滞后时间越短，响应的落水洞水位上升越快。在同一补给强度条件下，随落水洞水位的不断上升，水位上升变化率减小，减小的原因与本书第 4.3.1.1 节所述含水层倾角为 0° 的情况相同。与含水层倾角为 0 条件下的落水洞水位变化相比较，含水层有倾角时，落水洞水位随时间的变化曲线相对比较光滑，而含水层没有倾角时，落水洞水位的变化曲线比较粗糙，产生这一差异的原因可能是层面裂隙的过渡作用，含水层没有倾角时，层面裂隙的过渡作用比较强；而含水层有倾角时，由于水流流速的增大，层面裂隙的过渡作用减弱。

为进一步研究落水洞水位变化规律，利用 Matlab 程序分别对这 9 条落水洞水位变化曲线进行拟合，拟合结果表明，落水洞水位与时间之间呈二项式函数关系，表达式见式（4-6）。系数 p_1，p_2，p_3 的拟合结果见表 4-5。

$$H = p_1 t^2 + p_2 t + p_3 \qquad (4-6)$$

式中　p_1——系数，cm/s；

　　　p_2——系数，cm/s；

　　　p_3——系数，cm。

表 4-5　　　　　　　　　　　式（4-6）系数拟合结果

Q_{re}	p_1 ($\times 10^{-5}$)	p_1 置信区间 ($\times 10^{-5}$)	p_2	p_2 置信区间	p_3	p_3 置信区间	R^2	$RMSE$
2.20	−1.32	(−1.37, −1.27)	0.08	(0.08, 0.08)	−23.75	(−24.44, −23.06)	0.9997	0.34
3.67	−3.82	(−3.98, −3.65)	0.13	(0.13, 0.14)	−24.56	(−25.37, −23.75)	0.9996	0.40
4.37	−4.87	(−5.11, −4.63)	0.15	(0.15, 0.16)	−27.08	(−27.96, −26.2)	0.9996	0.39
7.22	−14.20	(−14.91, −13.56)	0.26	(0.26, 0.27)	−29.41	(−30.36, −28.46)	0.9996	0.41
8.80	−20.81	(−22.16, −19.47)	0.33	(0.32, 0.34)	−34.98	(−36.4, −33.55)	0.9994	0.50
9.71	−25.68	(−27.24, −24.12)	0.37	(0.37, 0.38)	−38.53	(−39.98, −37.07)	0.9994	0.50
14.82	−60.50	(−66.73, −54.26)	0.57	(0.55, 0.60)	−43.46	(−46.24, −40.67)	0.9985	0.75
22.97	−132.60	(−151.71, −113.62)	0.89	(0.83, 0.94)	−50.56	(−54.38, −46.74)	0.9985	0.77

系数 p_1，p_2，p_3 的取值与补给强度 Q_{re} 密切相关，分析两者之间的相关关系，结果如图 4-12 所示，二次项系数 p_1 随补给强度的增大而减小，两者之间的关系可由二次函数 $p_1(Q_{re})$ 刻画；一次项系数 p_2 随补给强度的增大而增大，两者之间的关系可由一次函数 $p_2(Q_{re})$ 刻画；常数项随补给强度的增大而减小，两者之间的关系可由一次函数 $p_3(Q_{re})$ 刻画。

含水层倾角为 5° 条件下，落水洞水位对补给强度的响应计算式为

$$H = p_1(Q_{re})t^2 + p_2(Q_{re})t + p_3(Q_{re}) \qquad (4-7)$$

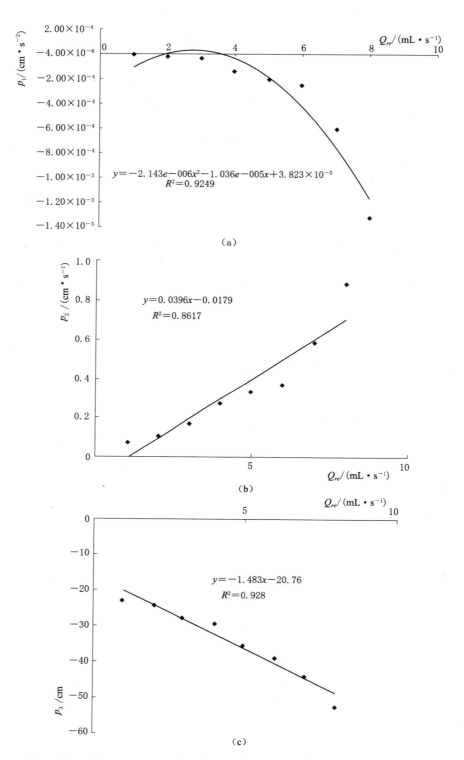

图 4 - 12　系数 p_1，p_2，p_3 值与补给强度之间的相关关系曲线图 （$\alpha=5°$）

为验证式（4-7）的正确性，对补给强度 $Q_{re} = 8.97\mathrm{mL/s}$ 时的物理试验测量值与数学模型计算值进行对比，对比结果如图4-13所示。从图中可以看出，两者吻合度较高，因此该数学模型具有较高的可信度。

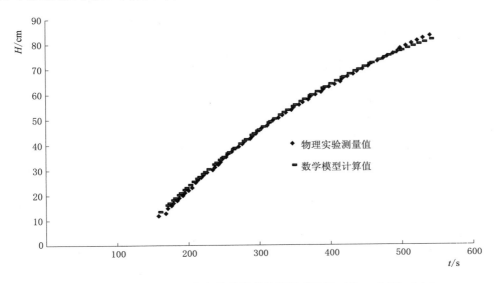

图4-13　物理试验测量值与数学模型计算值对比图（$Q_{re} = 8.97\mathrm{mL/s}$）

4.3.1.3　含水层倾角为8°

将裂隙网络-管道双重介质物理模型的落水洞一侧用玻璃支架垫高，使底部管道与水平方向成8°夹角，即含水层倾角 $\alpha = 8°$。

试验共设置9个不同的补给强度，主要研究含水层倾角为8°条件下，落水洞水位对补给强度的响应变化。分析试验数据，得到不同补给强度条件下，落水洞水位随时间变化曲线如图4-14所示。

图4-14中，落水洞水位变化曲线对应的补给强度（Q_{re}）自左至右逐渐减小。从图4-14中可以看出，补给强度越大，含水层底部管道开始得到补给的时刻越早，响应的落水洞水位上升越快。在同一补给强度条件下，随落水洞水位的不断上升，水位上升变化率减小，减小的原因同本书第4.2.1.1节含水层倾角为0的情况。与含水层倾角为0时，落水洞水位的变化曲线相比，落水洞倾角为8°时，落水洞水位曲线变化比较光滑。

分别对这9条落水洞水位变化曲线进行拟合，拟合结果表明，与含水层倾角为5°时结果类似，落水洞水位与时间之间呈二项式函数关系，见式（4-8）。系数 q_1，q_2，q_3 的拟合结果见表4-6。

$$H = q_1 t^2 + q_2 t + q_3 \tag{4-8}$$

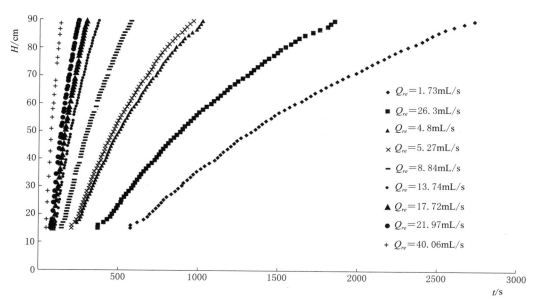

图 4-14　不同补给强度条件下落水洞水位随时间变化曲线图（$\alpha = 8°$）

式中　q_1——系数，cm/s^2；

$\quad\quad q_2$——系数，cm/s；

$\quad\quad q_3$——系数，cm。

表 4-6　　　　　　　　　　式（4-8）系数拟合结果

Q_{re}	p_1 ($\times 10^{-5}$)	p_1置信区间 ($\times 10^{-5}$)	p_2	p_2置信区间	p_3	p_3置信区间	R^2	$RMSE$
1.73	−0.83	(−0.87，−0.79)	0.06	(0.061，0.063)	18.49	(−19.33，−17.64)	0.9994	0.53
2.63	−1.93	(−2.00，−1.86)	0.09	(0.092，0.095)	18.19	(−18.96，−17.42)	0.9995	0.50
4.8	−6.48	(−6.73，−6.22)	0.17	(0.171，0.177)	21.43	(−22.28，−20.58)	0.9995	0.52
5.27	−7.80	(−8.11，−7.50)	0.19	(0.187，0.194)	21.49	(−22.37，−20.61)	0.9994	0.54
8.84	−18.01	(−18.97，−17.04)	0.30	(0.297，0.310)	25.16	(−26.24，−24.08)	0.9994	0.56
13.74	−50.60	(−53.34，−47.86)	0.52	(0.503，0.529)	32.94	(−34.34，−31.53)	0.9993	0.59
21.97	−126.20	(−137.30，−115.20)	0.85	(0.811，0.880)	40.76	(−43.27，−38.25)	0.9988	0.81
40.06	−551.60	(−649.20，−454.10)	1.86	(1.679，2.031)	61.04	(−68.51，−53.56)	0.9973	1.26

　　不同的补给强度对应不同的系数 q_1，q_2，q_3 值，进一步分析两者相关关系，结果如图 4-15 所示，二次项系数 q_1 随补给强度的增大而减小，两者之间的关系可由二次函数 $q_1(Q_{re})$ 刻画；一次项系数 q_2 随补给强度的增大而增大，两者之间的关系可由一次函数 $q_2(Q_{re})$ 刻画；常数项 q_3 随补给强度的增大而减小，两者之间的关系可由一次函数 $q_3(Q_{re})$ 刻画。

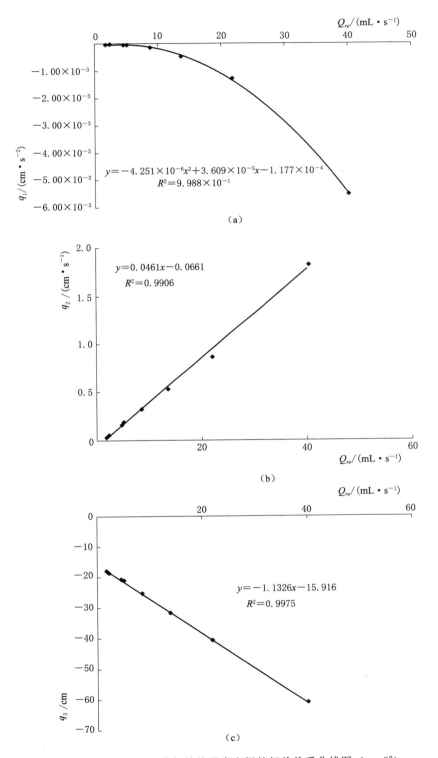

图 4-15 q_1，q_2，q_3 值与补给强度之间的相关关系曲线图（$\alpha = 8°$）

含水层倾角为 8°条件下，落水洞水位对补给强度的响应计算式为

$$H = q_1(Q_{re})t^2 + q_2(Q_{re})t + q_3(Q_{re}) \tag{4-9}$$

为验证式（4-9）的正确性，对补给强度 $Q_{re} = 17.72\text{mL/s}$ 时的物理试验测量值与数学模型计算值进行对比，如图 4-16 所示。从图中可以看出，两者吻合度较高，因此该数学模型具有较高的可信度。

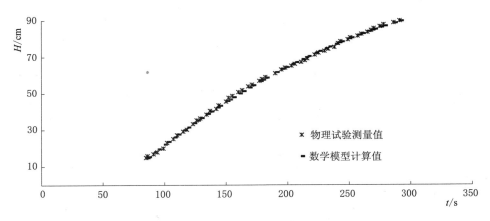

图 4-16　物理试验测量值与数学模型计算值对比图（$Q_{re} = 17.72\text{mL/s}$）

4.3.1.4　对照试验

为更好地理解裂隙网络-管道双重介质对落水洞水位变化的影响，设置几组对照试验。对照试验中，由有机玻璃制成的直径为 24.2cm 的圆形水桶代替裂隙网络-管道含水介质物理模型。试验中设置 5 个不同的补给强度，进行相同的试验操作，如图 4-17 所示。试验结果表明，没有裂隙网络-管道介质的影响，水位随时间呈直线变化，而且补给强度越大，直线斜率越大，即水位上升越快。

在同一补给强度条件下，水位上升速率不变。水位变化可由式（4-10）表达，式中 Q_{re} 以及 S 均为定值。

$$H = \frac{Q_{re}t}{S} \tag{4-10}$$

4.3.1.5　结果对比分析

首先分析 3 组试验结果的相同点，无论含水层有无倾角，补给强度越大，落水洞水位上升速率越大；在同一补给强度条件下，随落水洞水位的不断上升，水位上升变化率均减小。原因在于试验过程中裂隙网络对水流的过滤作用导致水流滞后，使一部分水量暂时储存在裂隙网络中，而在试验过程中，随着水位的上升，未饱和部分对饱和部分的补给越来越少，从而使水位上升变化率减小。

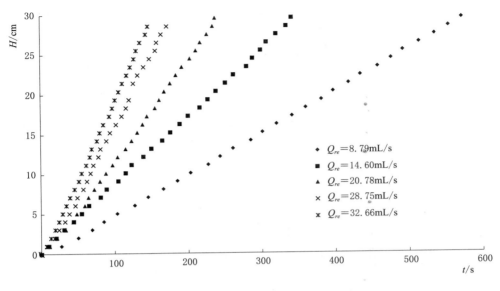

图 4-17 水文情景一对照试验结果图

然后分析 3 组试验结果的不同点，含水层倾角为 0°时，不同补给强度条件下，落水洞水位与时间之间呈对数函数关系，且水位变化曲线比较粗糙；含水层有一定倾角（5°，8°）时，不同补给强度条件下，落水洞水位与时间之间呈二次多项式函数关系，而且相对于含水层倾角为 0°，水位变化曲线比较光滑，导致落水洞水位变化特征不同的原因可能在于，层面裂隙的过渡作用，含水层倾角为 0°时，层面裂隙的过渡作用比较强；而含水层有倾角时，由于水流流速的增大，层面裂隙的过渡作用减弱。

将含水层倾角为 5°、8°的试验结果做对比分析，落水洞水位二次函数表达式系数随补给强度变化如图 4-18 所示。从图中可以看出，$p_1(Q_{re}) < q_1(Q_{re})$，$p_2(Q_{re}) > q_2(Q_{re})$，$p_3(Q_{re}) < q_3(Q_{re})$，对比分析结果表明，含水层倾角越大，在相同的补给强度条件下，同一时刻，落水洞水位越高。

4.3.2 落水洞水位对水文情景二的响应变化

水文情景二中设置 7 个不同的含水层初始饱和厚度，对应每一个含水层初始饱和厚度，设置 6 个不同的泉口大小，主要研究落水洞水位对不同含水层初始饱和厚度及不同泉口大小的响应变化。

4.3.2.1 含水层倾角为 0°

分析试验结果，得到不同泉口大小条件下，落水洞水位对含水层初始饱和厚度的响应变化如图 4-19 所示。

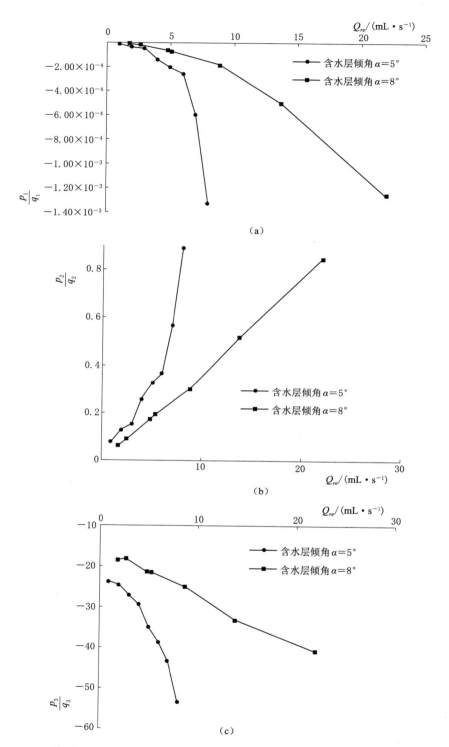

图 4-18　不同含水层倾角条件下，落水洞水位二次函数表达式系数随补给强度变化曲线图

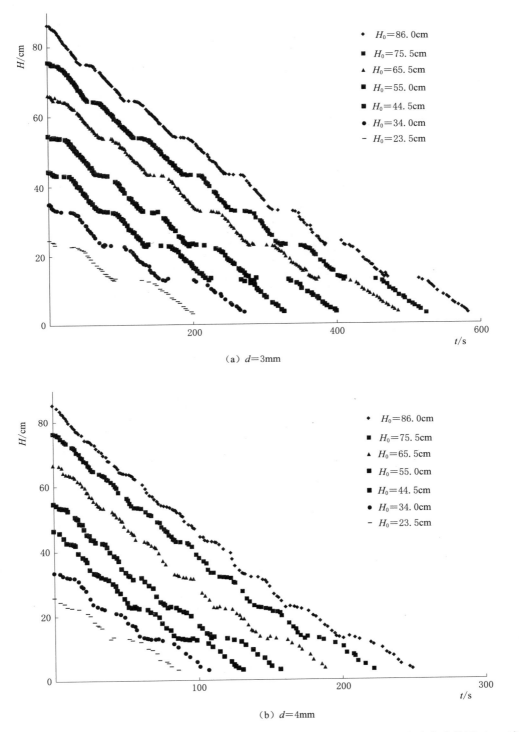

（a）d＝3mm

（b）d＝4mm

图 4-19（一） 不同泉口大小条件下，落水洞水位对含水层初始饱和厚度的响应变化曲线图（α＝0°）

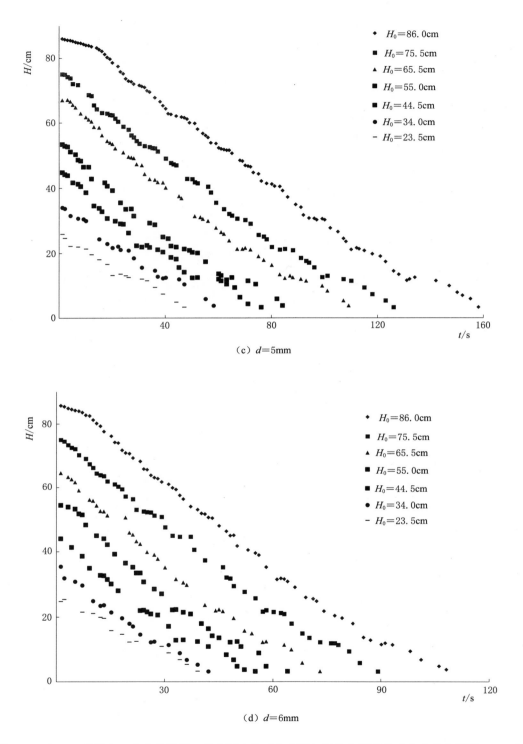

（c）$d=5\text{mm}$

（d）$d=6\text{mm}$

图 4-19（二）　不同泉口大小条件下，落水洞水位对含水层初始饱和厚度的响应变化曲线图（$\alpha=0°$）

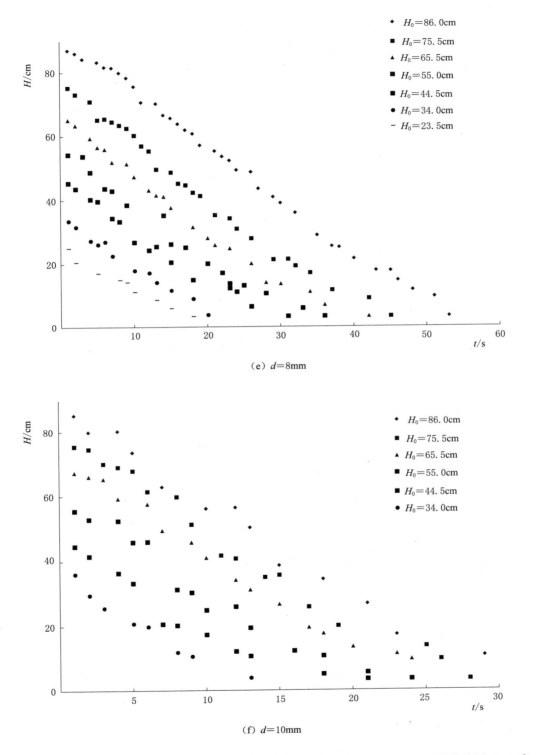

（e）$d=8mm$

（f）$d=10mm$

图 4-19（三） 不同泉口大小条件下，落水洞水位对含水层初始饱和厚度的响应变化曲线图（$\alpha=0°$）

在只有排泄，没有补给的试验条件下，不同泉口大小条件下，落水洞水位随时间呈阶梯状下降，如图 4-19（a）～（c）所示，水位下降呈阶梯状主要受横向裂隙影响，流入垂向裂隙的水，汇集至层面裂隙，相比在垂向裂隙中的水流，在横向裂隙中的水流流速减慢，而且有一部分水流入落水洞，经过层面裂隙的过渡，使得落水洞水位间断性下降变缓，即表现为图中的阶梯状，而且图中阶梯个数（7 个）与层面裂隙条数（7 条）一致，也验证了以上解释的正确性。而且这一过程在试验过程中也可以观测到。然而随着泉口的增大，水位下降的阶梯状越来越不明显，甚至消失，这是由于泉口增大，水流流速增大，水位下降速率增大，弱化了层面裂隙的过渡作用。

图 4-19 中对应每一个泉口大小，不同含水层饱和厚度条件下，除含水层初始饱和厚度不同，水位下降曲线斜率大致相同。在此次研究中，每一条曲线由直线概化，计算式为

$$H = C_0 t + H_0 \tag{4-11}$$

式中　H——落水洞水位，cm；

　　　　t——时间，s；

　　　　H_0——含水层初始饱和厚度，cm；

　　　　C_0——系数，下角标 0 对应含水层倾角为 0°，cm/s。

系数 C_0 的大小与泉口大小 d 变化密切相关，如图 4-20 所示。经曲线拟合可得：

$$C_0 = -0.310d + 0.938 \tag{4-12}$$

记 $C_0 = g(d)_0$，因此，

$$H = g(d)_0 t + H_0 \tag{4-13}$$

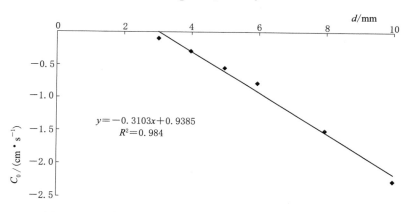

图 4-20　系数 C_0 与泉口大小 d 的相关关系曲线图（$\alpha = 0°$）

4.3.2.2　含水层倾角为 5°

含水层倾角为 5°时，分析试验数据，得到不同泉口大小条件下，落水洞水位对含水层初始饱和厚度的响应变化如图 4-21 所示。

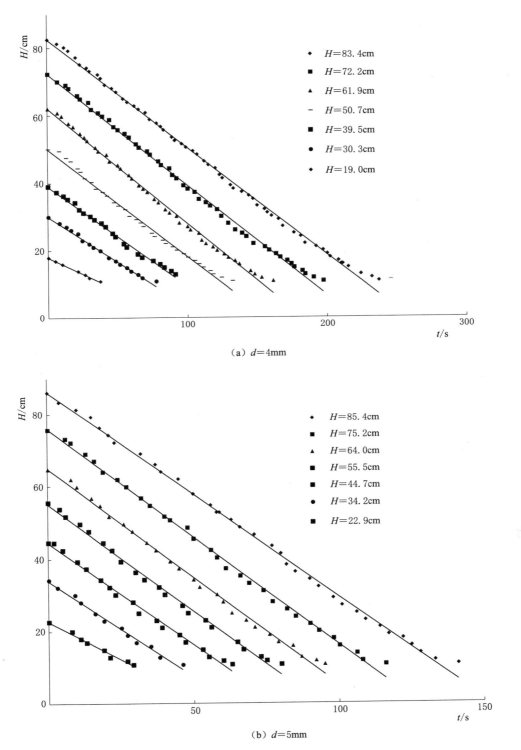

（a）$d=4\text{mm}$

（b）$d=5\text{mm}$

图 4-21（一） 不同泉口大小条件下，落水洞水位对含水层初始饱和厚度的响应变化曲线图（$\alpha=5°$）

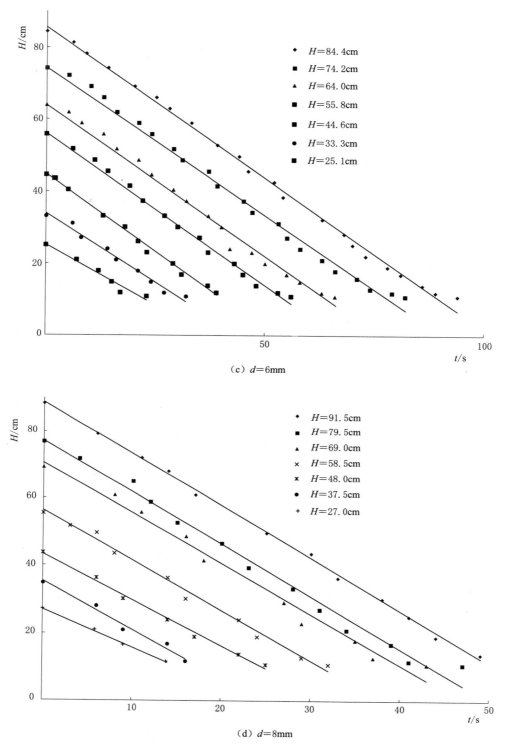

（c）d＝6mm

（d）d＝8mm

图 4 - 21（二）　不同泉口大小条件下，落水洞水位对含水层初始饱和厚度的响应变化曲线图（α＝5°）

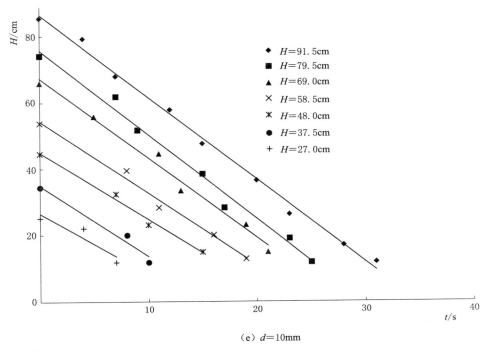

（e）$d=10\text{mm}$

图 4-21（三） 不同泉口大小条件下，落水洞水位对含水层初始饱和厚度的响应变化曲线图（$\alpha=5°$）

研究结果表明，不同泉口大小条件下，落水洞水位随时间均呈直线变化。在同一含水层初始饱和厚度下，泉口越大，水位下降速率越快。在同一泉口大小条件下，不同含水层初始饱和厚度的大小对水位下降速率影响不大，可由有相同斜率的一族直线描述，设为

$$H=C_5t+H_0 \qquad (4-14)$$

式中　H——落水洞水位，cm；

　　　t——时间，s；

　　　H_0——含水层初始饱和厚度，cm；

　　　C_5——系数，下角标 5 对应含水层倾角为 5°，cm/s。

系数 C_5 的大小与泉口大小 d 变化密切相关，如图 4-22 所示。经曲线拟合可得

$$C_5=-0.398d+1.274 \qquad (4-15)$$

记 $C_5=g(d)_5$，因此，

$$H=g(d)_5t+H_0 \qquad (4-16)$$

4.3.2.3　含水层倾角为 8°

含水层倾角为 8°，分析试验数据，得到不同泉口大小条件下，落水洞水位对含水层初始饱和厚度的响应变化，如图 4-23 所示。

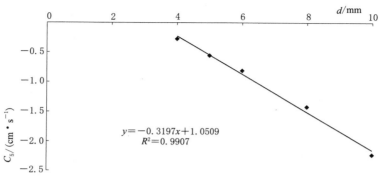

图 4 - 22 系数 C_5 与泉口大小 d 相关关系曲线图 $(\alpha = 5°)$

含水层倾角为 8°条件下，落水洞水位下降特征与含水层倾角为 5°条件下落水洞水位下降特征类似，此处不再赘述。

含水层倾角为 8°时，落水洞水位变化方程设为

$$H = C_8 t + H_0 \qquad (4-17)$$

式中　H——落水洞水位，cm；

　　　t——时间，s；

　　　H_0——含水层初始饱和厚度，cm；

　　　C_8——系数，下角标 8 对应含水层倾角为 8°，cm/s。

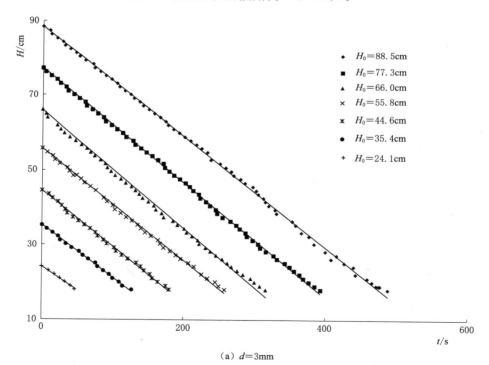

(a) $d = 3\text{mm}$

图 4 - 23 （一）　不同泉口大小条件下，落水洞水位对含水层初始饱和厚度的响应变化曲线图 $(\alpha = 8°)$

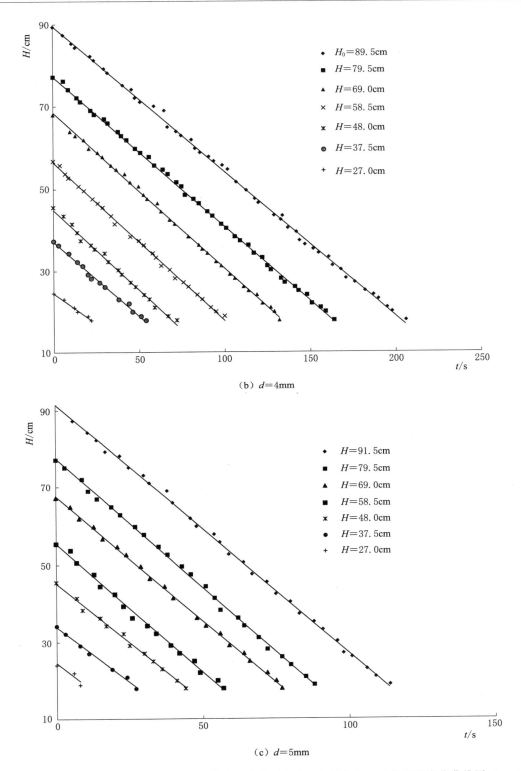

（b）$d=4$mm

（c）$d=5$mm

图 4-23（二） 不同泉口大小条件下，落水洞水位对含水层初始饱和厚度的响应变化曲线图（$\alpha=8°$）

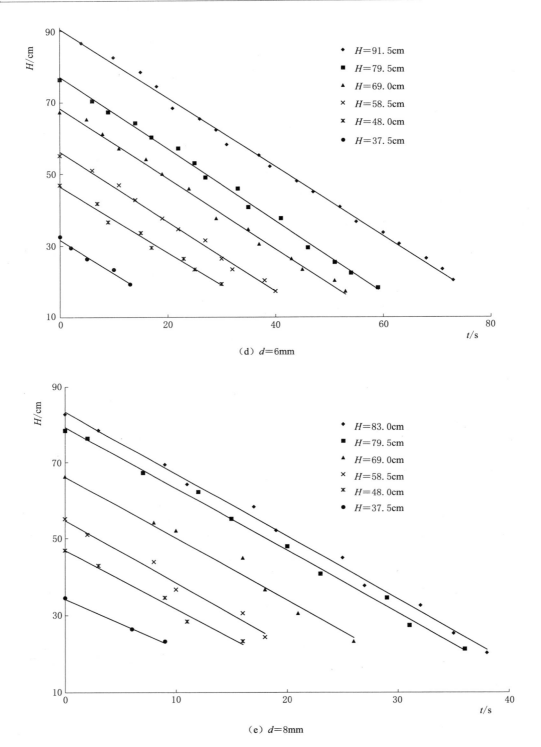

（d）d=6mm

（e）d=8mm

图 4 - 23（三）　不同泉口大小条件下，落水洞水位对含水层初始饱和厚度的响应变化曲线图（α＝8°）

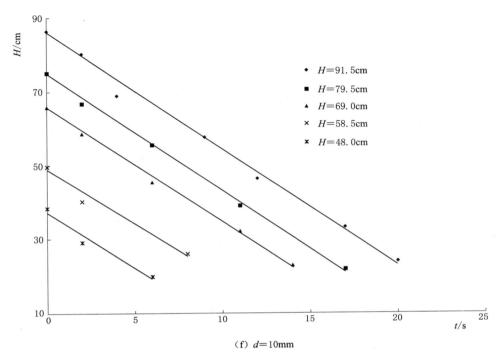

（f）$d=10mm$

图4-23（四）　不同泉口大小条件下，落水洞水位对含水层初始饱和厚度的响应变化曲线图（$\alpha=8°$）

系数 C_8 的大小与泉口大小 d 变化密切相关，如图4-24所示。经曲线拟合可得

$$C_8=-0.40d+1.27 \tag{4-18}$$

记 $C_8=g(d)_8$，因此，

$$H=g(d)_8t+H_0 \tag{4-19}$$

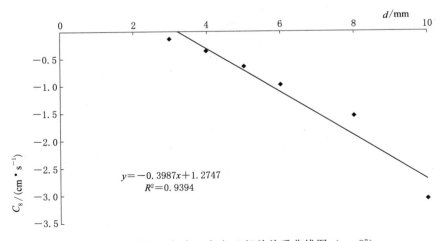

图4-24　系数 C_8 与泉口大小 d 相关关系曲线图（$\alpha=8°$）

4.3.2.4　对照试验

对照试验中，由有机玻璃制成的直径为 24.2cm 的圆形玻璃桶代替裂隙网络-管道含水介质，设置 4 个不同直径的泉口（$d=3$mm，4mm，5mm，6mm）。相同的试验操作，试验结果如图 4-25 所示。从图 4-25 中可以看出，不同泉口大小条件下，水位随时间呈直线变化，且泉口越大，水位下降速率越大。水位变化可由式（4-20）表达，式中 H_0 及 Q_{dis} 均为定值。

$$H=\frac{H_0-Q_{dis}t}{S} \tag{4-20}$$

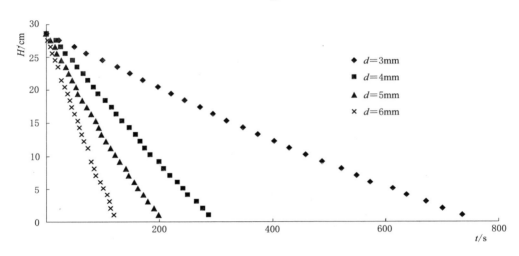

图 4-25　水文情景二对照试验结果图

4.3.2.5　结果对比分析

首先分析 3 组试验结果的相同点：无论含水层有无倾角，不同泉口大小条件下，含水层初始饱和厚度对落水洞水位的下降影响较小。同一泉口大小条件下，落水洞水位随时间变化曲线可有一族有相同斜率，不同截距（即含水层初始饱和厚度）的直线 $H=C_it+H_0$ 刻画，系数 C_i 与泉口大小 d 之间可由直线描述，且泉口越大，水位下降速率越大。对比分析不同含水层倾角条件下，水位下降速率与泉口之间的相关关系，如图 4-26 所示。从图中可以看出，当泉口较小时，落水洞水位变化受含水层倾角影响较小，随着泉口增大，水位变化受含水层倾角影响越大，这是由于当泉口较小时，落水洞水位变化主要受泉口大小的限制，对泉口大小的响应变化比较明显，而受含水层倾角影响较弱。总体而言，在泉口大小一定的条件下，含水层倾角越大，水位下降速率越快。

分析 3 组试验结果的不同点，对比分析不同含水层倾角条件下，落水洞水位变化

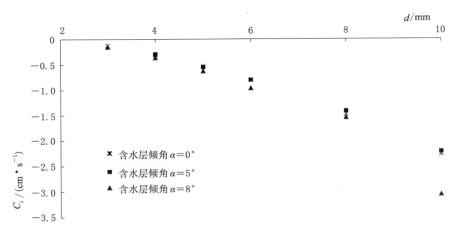

图4-26 不同含水层倾角条件下，水位下降速率与泉口之间的相关关系曲线图

特征可以发现，含水层倾角 $\alpha = 0°$ 时，落水洞水位随时间呈阶梯形下降，如图4-19（a）~（c）所示，随着泉口的增大，阶梯状越来越不明显，甚至消失如图4-19（d）~（e）所示；而含水层有一定倾角（5°，8°）时，落水洞水位随时间呈直线状下降。含水层倾角不同，落水洞水位变化特征不同的原因在于，含水层倾角为0°时，水位下降呈阶梯状主要受层面裂隙影响，流入垂向裂隙的水，汇集至层面裂隙，相比在垂向裂隙中的水流，在层面裂隙中的水流流速减慢，而且有一部分水流入落水洞，经过层面裂隙的过渡，使得落水洞水位间断性下降变缓，即表现为图中的阶梯状，而含水层有一定倾角时，在重力的作用下，层面裂隙中的水流流速增大，弱化了层面裂隙的过渡作用，从而使得水位下降呈直线形而非阶梯形。

4.3.3　落水洞水位对水文情景三的响应变化

水文情景三中的试验设置既有补给又有排泄，设置泉口大小为3mm，含水层倾角为0°。分析试验结果，得到不同补给强度条件下，落水洞水位随时间变化如图4-27所示；设置泉口大小为3mm，含水层倾角为8°，分析试验结果，得到不同补给强度条件下，落水洞水位随时间变化如图4-28所示。

事实上，水文情景三是水文情景一与水文情景二的结合，因此含水层倾角为0°时，落水洞水位变化数学模型可表达为

$$H = f(Q_{re} - Q_{dis})\ln(t) + B_0 + h_0 (t < T) \qquad (4-21)$$

$$H = g(d)_0 t + H_0 (t > T) \qquad (4-22)$$

式中　Q_{dis}——排泄强度，mL/s；

　　　　T——补给历时，s。

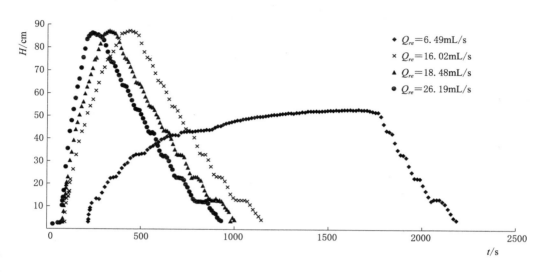

图 4-27 当 $d=3$mm，$\alpha=0°$时的水文情景三试验结果一曲线图

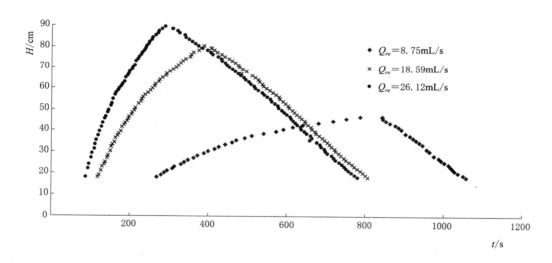

图 4-28 当 $d=3$mm，$\alpha=8°$时的水文情景三试验结果二曲线图

含水层有倾角（5°，8°）时，落水洞水位变化数学模型可表达为

$$H=p_{i1}t^2+p_{i2}t+p_{i3} \quad (t<T) \tag{4-23}$$

$$H=g(d)_it+H_0 \quad (t>T) \tag{4-24}$$

应用含水层倾角为0°对应的式（4-21）、式（4-22）在补给强度 $Q_{re}=26.16$mL/s 时进行计算，并与物理试验测量值相比较，验证结果如图 4-29 所示。从图中可以看出，计算值与试验值较吻合，经计算，均方根误差 $RMSE=0.661$，确定系数 $R^2=0.995$，说明此数学模型具有较高的可信度。

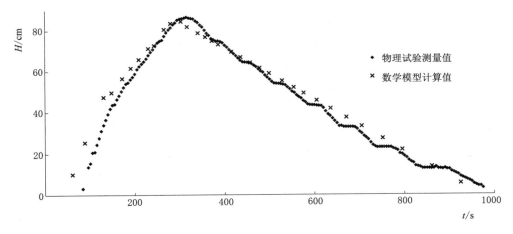

图 4-29 当 $d=3\text{mm}$，$\alpha=0°$时的水文情景三验证结果一曲线图

应用含水层倾角为 8°对应的式（4-23）、式（4-24）在补给强度 $Q_{re}=$ 26.12mL/s 时进行计算，并与物理试验测量值相比较，验证结果如图 4-30 所示。从图中可以看出，计算值与试验值较吻合，经计算，均方根误差 $RMSE=0.668$，确定系数 $R^2=0.996$，说明此数学模型具有较高的可信度。

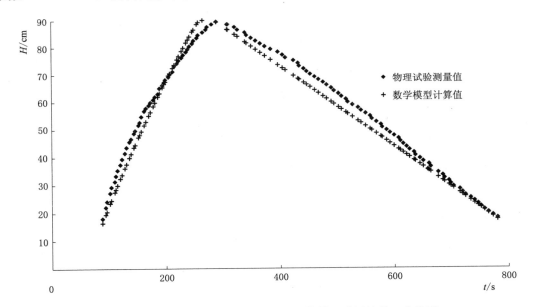

图 4-30 当 $d=3\text{mm}$，$\alpha=8°$时的水文情景三验证结果一曲线图

对照试验中，由有机玻璃制成的直径为 24.2cm 的圆形水桶代替裂隙网络-管道双重介质物理试验装置，设置泉口直径为 5mm。补给强度为 40mL/s。相同的试验操作，试验结果如图 4-31 所示。从图中可以看出，水位无论随时间上升或者下降均呈直线变化。

143

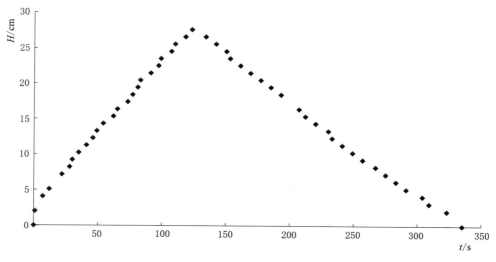

图 4-31　当 $d=5\text{mm}$，$\alpha=0°$ 时的水文情景三对照试验曲线图

4.3.4　落水洞水位与泉流量关系分析

4.3.4.1　基于泉流量线型的落水洞水位预测

设置 7 个不同的含水层初始饱和厚度（$H_0=86.0\text{cm}$，76.0cm，65.5cm，55.0cm，44.5cm，34.0cm，23.5cm），每次试验中，水流排泄至排泄水箱，排泄水箱连接压力传感器，试验过程中记录排泄水箱水位变化。排泄水箱水位随时间变化，如图 4-32 所示。

设排泄水箱中水位随时间变化为

$$H=H(t) \tag{4-25}$$

则排泄水箱中水的体积随时间变化为

$$V(t)=SH(t) \tag{4-26}$$

对式（4-26）取微分，泉流量随时间变化计算式为

$$Q(t)=\frac{\mathrm{d}V(t)}{\mathrm{d}t} \tag{4-27}$$

式中　S——排泄水箱横截面面积，cm^2。

由 Matlab 程序处理可得，不同含水层初始饱和厚度条件下，泉流量衰减曲线，如图 4-33 所示。

经回归分析发现，含水层初始饱和厚度与泉流量线型即初始流量 Q_0 及衰减系数

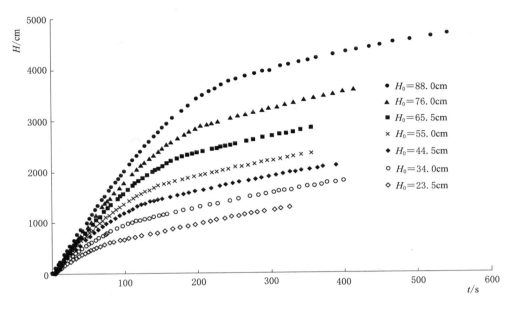

图 4-32 排泄水箱水位变化曲线图

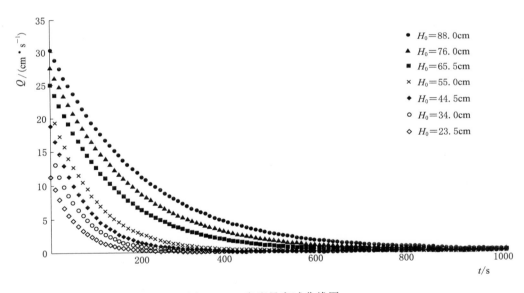

图 4-33 泉流量衰减曲线图

α 有密切的关系。记为

$$H = \beta_0 + \beta_1 Q_0 + \beta_2 \alpha \tag{4-28}$$

回归分析所得参数值及其置信区间，见表 4-7。数学模型计算值与物理试验测量值对比，如图 4-34 所示，从图中可以看出，计算值与试验值的对比点都在直线 $y = x$ 附近，数学模型计算值与物理试验测量值吻合度较高。

表 4-7　　　　　　　　　　　　　回 归 分 析 结 果 一

系数	取值	置信区间	确定系数
β_0	-43.3	$[-127.3, 40.8]$	
β_1	4.0	$[1.7, 6.4]$	$R^2 = 0.99$
β_2	-1240.9	$[-4589, 2107]$	

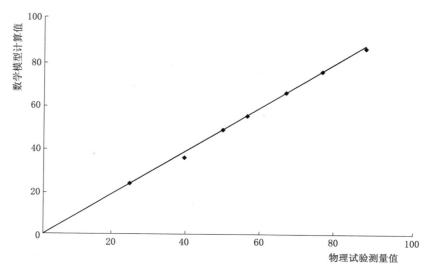

图 4-34　数学模型计算值与物理试验测量值对比图

4.3.4.2　基于落水洞水位的泉流量预测模型

设泉流量变化方程为

$$Q = Q_0 e^\alpha \tag{4-29}$$

初始流量 Q_0 以及衰减系数 α 与含水层初始饱和厚度 H_0 以及含水层中水的储存量 V 密切相关，即泉流量变化计算式为

$$Q = f(M, V) e^{g(M, V)} \tag{4-30}$$

由回归分析可得，初始流量 Q_0 与含水层初始饱和厚度 H_0 以及含水层中水的储存量 V 之间的函数关系 $f(M, V)$ 为

$$f(M, V) = a + bM + c\ln(V) = 3.6813 + 0.3220H - 0.1175\ln(V) \tag{4-31}$$

同理，由回归分析可得，衰减系数 α 与含水层初始饱和厚度 H_0 以及含水层中水的储存量 V 之间的函数关系 $g(M, V)$ 为

$$g(M, V) = d + eM + fV = -0.0227 + 0.0002H - 0.0002V \tag{4-32}$$

回归分析结果所得系数值及其置信区间，见表 4-8。

表 4-8 回归分析结果表二

系数	取值	置信区间	确定系数
a	3.6800	$[-0.1500, 7.5100]$	
b	0.3200	$[0.1900, 0.4600]$	
c	-0.1200	$[-1.5600, 1.3300]$	$R^2=0.99$
d	-0.0227	$[-0.0288, -0.0165]$	
e	0.0002	$[0, 0.0004]$	
f	-0.0002	$[-0.0025, 0.0022]$	

初始流量 Q_0 以及衰减系数 α 的数学模型计算值与物理试验测量值对比，如图 4-35 所示，从图中可以看出，两者对比点都在直线 $y=x$ 附近，吻合度较高。

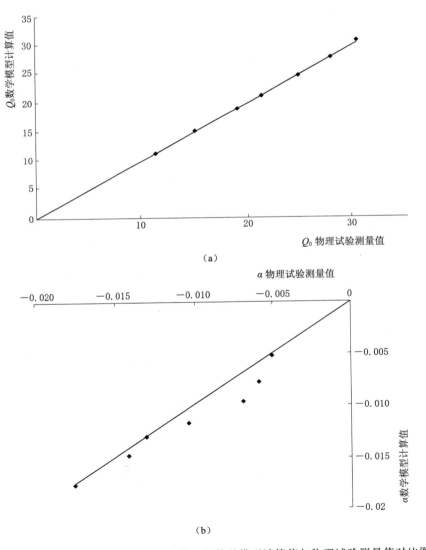

(a)

(b)

图 4-35 初始流量 Q_0 以及衰减系数 α 的数学模型计算值与物理试验测量值对比图

4.3.5　落水洞水位变化综合对比分析

岩溶含水系统中，落水洞水位的变化是对含水层补给和排泄关系的响应，此外，落水洞水位的变化亦与含水层结构特征（本书研究中，指含水层倾角大小，泉口大小）息息相关。因此，该研究试验共设计了 3 个不同的水文情景，3 个不同的含水层倾角，以及 6 个不同的泉口大小。水文情景一设置只有补给，没有排泄，是补给大于排泄的一种极端情况，是为了研究落水洞水位变化对补给强度的响应。水文情景二设置只有排泄，没有补给，是排泄大于补给的一种极端情况，是为了研究落水洞水位变化对排泄强度的响应。水文情景三设置既有补给又有排泄。水文情景一和二是含水层补给和排泄关系的极端情况，在自然界中并不存在，但是水文情景三广泛存在。水文情景一和水文情景二是为简便试验操作和数据分析而设置的，可以为水文情景三提供数据处理的便利条件。

研究结果表明，补给大于排泄时，落水洞水位上升，在含水层倾角为 0° 的情况下，落水洞水位随时间呈对数函数上升，且落水洞水位上升变化曲线比较粗糙；而含水层有一定倾角（5°，8°）时，落水洞水位随时间呈二次函数上升，落水洞水位上升曲线相对比较光滑。对比 3 组试验数据，含水层倾角越大，落水洞水位上升越慢，且落水洞水位上升变化率随时间减小。而在对照试验中，玻璃桶中没有裂隙网络-管道介质的影响，水位随时间呈直线上升。补给小于排泄时，落水洞水位下降，而且倾角越大，水位下降越快。在含水层倾角为 0° 的情况下，落水洞水位随时间呈阶梯状下降，含水层有一定倾角（5°，8°）时，落水洞水位随时间呈直线下降。不同含水层倾角条件下，落水洞水位变化特征不同，是由于层面裂隙的过渡作用不同所致。含水层倾角为 0° 时，落水洞水位呈阶梯状变化，是由于在试验过程中层面裂隙中的水流流速较垂向裂隙中的水流流速变缓，且泉口越小，阶梯形越明显，这是由于泉口越大，水流流速越大，层面裂隙的过渡作用减弱；含水层有倾角时，在重力的作用下，层面裂隙中水流流速增大，层面裂隙的过渡作用减弱，在对照试验中，水位随时间呈直线下降。无论含水层是否有倾角，在实验室尺度下，含水层饱和厚度对落水洞水位的影响在本次研究中均较小。落水洞水位变化曲线的形状可以为判断含水层有无倾角提供一定的依据。

在岩溶含水系统中，泉流量曲线集合了全部的水动力过程，泉流量曲线可以用来研究岩溶含水层地下水运动特性。本节对落水洞水位与初始泉流量以及衰减系数之间的关系进行了研究，研究结果表明落水洞水位可以由初始泉流量和衰减系数表达，鉴于岩溶含水系统水位的观测难度大，这一方法为落水洞水位预测提供了一种便利的方法。而泉流量亦与含水层初始饱和厚度和含水层中水量储存量密切相关，基于回归分析建立了泉流量关于含水层初始饱和厚度以及含水层中水量储存量的预测模型。

4.4 落水洞水位变化公式推导

以裂隙网络-管道双重介质底部管道中线所在平面为基准面。以裂隙网络-管道双重介质中水位所在平面为研究断面 1—1′，取垂直于泉口出流口的断面为研究断面 2—2′，如图 4-36 所示。由试验数据分析以及试验观测结果得到裂隙网络水位与落水洞水位变化相一致，故可作以下推导。

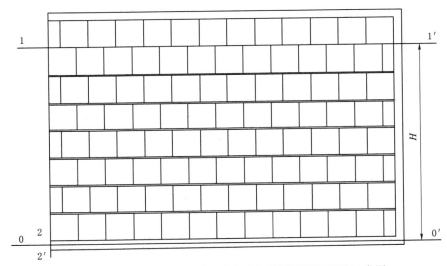

图 4-36　裂隙网络-管道双重介质装置研究断面选取示意图

对断面 1—1′和断面 2—2′列能量方程为

$$Z_1 + \frac{p_1}{\rho g} + \frac{\alpha v_1^2}{2g} = Z_2 + \frac{p_2}{\rho g} + \frac{\alpha v_2^2}{2g} + h_{w\text{总}} \qquad (4-33)$$

进一步可以得到落水洞水位表达式为

$$H = \frac{\alpha v_2^2}{2g} - \frac{\alpha v_1^2}{2g} + h_{w\text{总}} \qquad (4-34)$$

式中　$h_{w\text{总}}$——裂隙网络-管道双重介质模型总的水头损失。

裂隙网络-管道双重介质模型可以分解为若干个平行裂隙，倒 T 形裂隙和正 T 形裂隙，如图 4-37 所示。整个模型的水头损失也就由平行裂隙的沿程水头损失以及倒 T 形裂隙和正 T 形裂隙的局部水头损失组成。平行裂隙的沿程水头损失在本书第 3 章已经做了相关研究，下面来推导倒 T 形裂隙和正 T 形裂隙部分的局部水头损失。

首先取倒 T 形裂隙的 $\frac{1}{2}$ 为研究对象，如图 4-38 所示。由动量守恒和能量守恒方

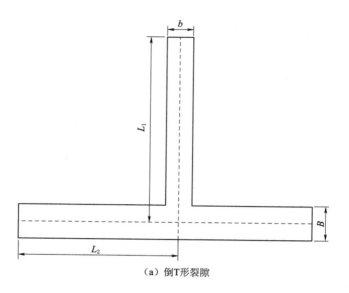

（a）倒 T 形裂隙

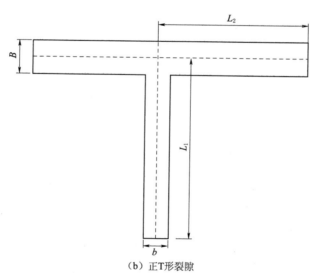

（b）正 T 形裂隙

图 4 - 37　倒 T 形裂隙以及正 T 形裂隙示意图

程，推导水流经过倒 T 形裂隙时的水头损失。

取 1—1′断面及 2—2′断面间的流体为研究对象，列动量方程和能量方程。

沿 x 轴方向的动量守恒方程为

$$-P_2 = \rho \beta Q v_2 \qquad (4-35)$$

沿 Y 轴方向的动量守恒方程为

$$G + P_1 = \rho \beta Q v_1 \qquad (4-36)$$

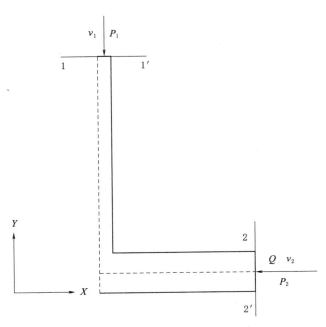

图 4-38 倒 T 形裂隙研究断面示意图

由能量方程得

$$Z_1 + \frac{p_1}{\rho g} + \frac{\alpha v_1^2}{2g} = \frac{Z_2 + \frac{p_2}{\rho g} + \frac{\alpha v_2^2}{2g} + h_{v(倒 T)}}{2} \tag{4-37}$$

将重力表达式 $G = \rho g \left(\frac{L_1 b}{2} + L_2 B \right)$，$v_1 = \frac{2Q}{Wb}$，$v_2 = \frac{Q}{WB}$ 代入以上 3 个方程，并联合式（4-35）～式（4-37）可得

$$h_{w(倒 T)} = (2\beta + \alpha) \frac{v_1^2 - v_2^2}{g} - \frac{4L_2 B}{b} - 2L_1 \tag{4-38}$$

或者

$$h_{w(倒 T)} = (2\beta + \alpha) \frac{Q^2}{g W^2} \left(\frac{4}{b^2} - \frac{1}{B^2} \right) - \frac{4L_2 B}{b} - 2L_1 \tag{4-39}$$

取正 T 形裂隙的 $\frac{1}{2}$ 为研究对象，如图 4-39 所示。由动量守恒和能量守恒方程，推导水流经过正 T 形裂隙时的水头损失。

以 1—1′ 断面及 2—2′ 断面间的流体为研究对象，列动量方程和能量方程。

沿 x 轴方向的动量守恒方程为

$$P_2 = \rho \beta Q v_2 \tag{4-40}$$

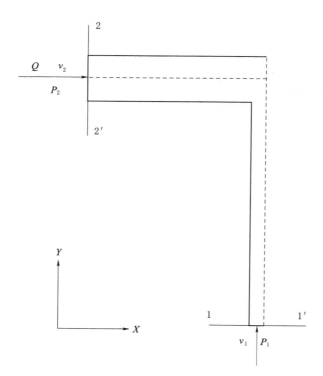

图 4 - 39　正 T 形裂隙研究断面示意图

沿 Y 轴方向的动量守恒方程为

$$G - P_1 = -\rho \beta Q v_1 \tag{4-41}$$

由能量方程得

$$Z_1 + \frac{p_1}{\rho g} + \frac{\alpha v_1^2}{2g} = \frac{Z_2 + \dfrac{p_2}{\rho g} + \dfrac{\alpha v_2^2}{2g} + h_{w(\text{正T})}}{2} \tag{4-42}$$

将重力表达式 $G = \rho g \left(\dfrac{L_1 b}{2} + L_2 B \right)$，水流流速表达式 $v_1 = \dfrac{2Q}{Wb}$，$v_2 = \dfrac{Q}{WB}$ 代入以上 3 个方程，并联合式（4-40）～式（4-42）可得

$$h_{w(\text{正T})} = (2\beta + \alpha) \frac{v_1^2 - v_2^2}{g} + \frac{4L_2 B}{b} \tag{4-43}$$

或者

$$h_{w(\text{正T})} = (2\beta + \alpha) \frac{Q^2}{gW^2} \left(\frac{4}{b^2} - \frac{1}{B^2} \right) + \frac{4L_2 B}{b} \tag{4-44}$$

裂隙平行部分的水头损失由修正立方定律或者达西-魏斯巴赫公式进行计算。裂隙折角处的局部水头损失 $h_{j(\text{倒T})}$ 可由总水头损失 $h_{w(\text{倒T})}$ 减去沿程水头损失 h_f 得到。

4.5 无落水洞条件下管道水头变化研究

4.5.1 管道水头对水文情景一的响应变化

不同补给强度，不同含水层倾角条件下，管道水位随时间变化如图 4-40 所示。研究结果表明，无论模型有无倾角，补给强度越大，管道水头增大越快。模型倾角一定时，补给强度的大小并不影响水头上升的模式。而模型倾角影响水头上升数学模型，模型倾角 $\alpha = 0°$ 时，管道水头随时间呈对数变化，模型倾角 $\alpha = 5°$ 或者 $\alpha = 8°$ 时，管道水头随时间呈二次函数关系变化。

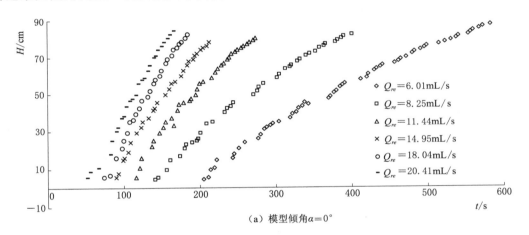

（a）模型倾角 $\alpha = 0°$

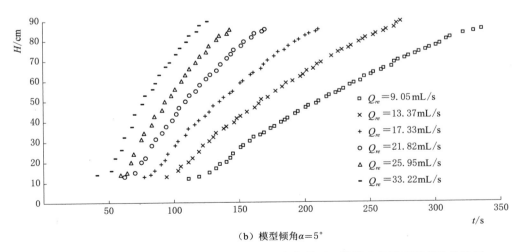

（b）模型倾角 $\alpha = 5°$

图 4-40（一） 不同补给强度，不同含水层倾角条件下，管道水位随时间变化曲线图

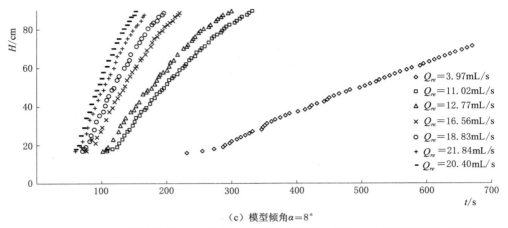

（c）模型倾角 α＝8°

图 4-40（二） 不同补给强度，不同含水层倾角条件下，管道水位随时间变化曲线图

利用统计分析法，分别得到模型倾角 α＝0°，5°，8°时，管道水头变化函数关系为

模型倾角 α＝0°时，

$$H = A(Q_{re})\ln(t) + B \tag{4-45}$$

其中，系数 A 与补给强度的相关关系如图 4-41 所示。

$$A(Q_{re}) = 0.52Q_{re} + 76.06, B = -384.57$$

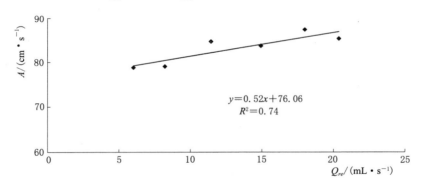

图 4-41 系数 A 与补给强度 Q_{re} 之间的相关关系曲线图（α＝0°）

模型倾角 α＝5°时，

$$H = p_{15}(Q_{re})t^2 + p_{25}(Q_{re})t + p_{35}(Q_{re}) \tag{4-46}$$

其中，系数 p_{15}，p_{25}，p_{35} 与补给强度的相关关系如图 4-42 所示。

$$p_{15}(Q_{re}) = -8.66 \times 10^{-6} Q_{re}^2 + 8.06 \times 10^{-5} Q_{re} - 3.17 \times 10^{-4}$$

$$p_{25}(Q_{re}) = -1.40 Q_{re} - 34.26$$

$$p_{35}(Q_{re}) = 0.07 Q_{re} - 0.07$$

模型倾角 α＝8°时，

$$H = p_{18}(Q_{re})t^2 + p_{28}(Q_{re})t + p_{38}(Q_{re}) \tag{4-47}$$

其中，系数 p_{18}，p_{28}，p_{38} 与补给强度的相关关系如图 4-43 所示。

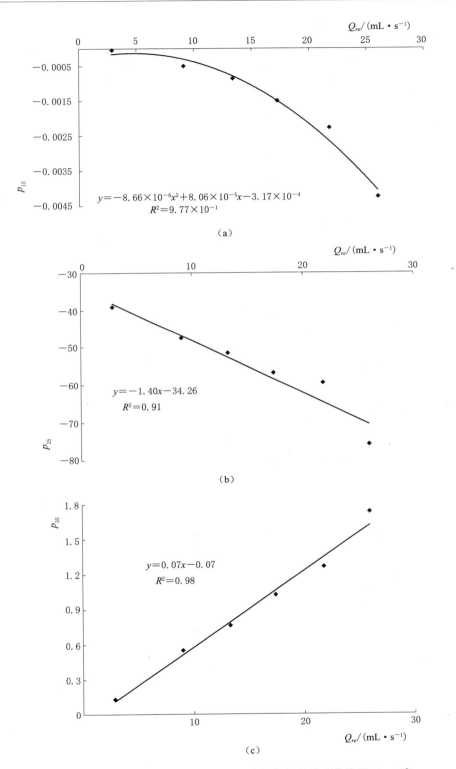

图 4-42 系数 p_1，p_2，p_3 与补给强度之间的相关关系曲线图（$\alpha=5°$）

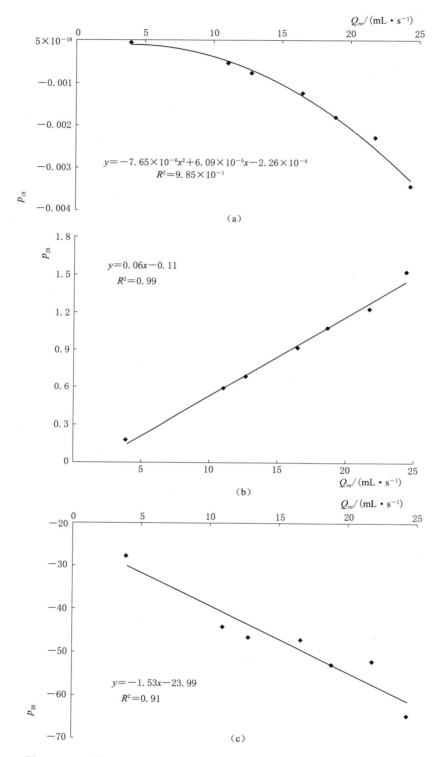

图 4-43　系数 p_1，p_2，p_3 与补给强度之间的相关关系曲线图（$\alpha=8°$）

$$p_{18}(Q_{re}) = -7.65 \times 10^{-6} Q_{re}^2 + 6.09 \times 10^{-5} x - 2.26 \times 10^{-4}$$

$$p_{28}(Q_{re}) = 0.06 Q_{re} - 0.11$$

$$p_{38}(Q_{re}) = -1.53 Q_{re} - 23.99$$

4.5.2　管道水头对水文情景二的响应变化

与落水洞水位变化类似，无论含水层有无倾角，对于同一泉口大小，不同含水层初始饱和厚度条件下，管道水头的变化与时间之间的关系可由一族斜率相同的直线描述，这也表明含水层初始饱和厚度对管道水头变化的影响很小。

模型倾角 $\alpha = 0$ 时，

$$H = g(d)_0 t + H_0 \tag{4-48}$$

其中，$g(d)_0$ 与泉口之间的相关关系如图 4-44 所示。

$$g(d)_0 = -0.39d + 1.01$$

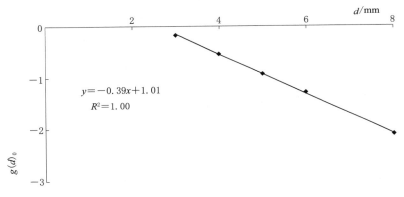

图 4-44　系数 $g(d)_0$ 与泉口大小 d 相关关系曲线图（$\alpha = 0$）

模型倾角 $\alpha = 5°$ 时，

$$H = g(d)_5 t + H_0 \tag{4-49}$$

其中，$g(d)_5$ 与泉口之间的相关关系如图 4-45 所示。

$$g(d)_5 = -0.39d + 1.05$$

模型倾角 $\alpha = 8°$ 时，

$$H = g(d)_8 t + H_0 \tag{4-50}$$

其中，$g(d)_8$ 与泉口之间的相关关系如图 4-46 所示。

$$g(d)_8 = -0.41d + 1.10$$

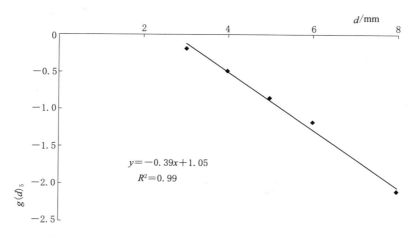

图 4-45　系数 $g(d)_5$ 与泉口大小 d 相关关系曲线图 ($\alpha=5°$)

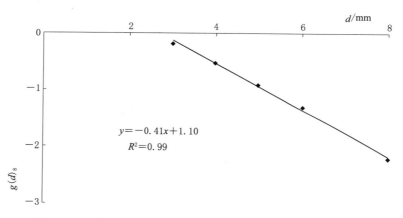

图 4-46　系数 $g(d)_8$ 与泉口大小 d 相关关系曲线图 ($\alpha=8°$)

4.5.3　管道水头对水文情景三的响应变化

分别对模型倾角 $\alpha=0°$，$5°$，$8°$时，进行水文情景三的模拟试验，管道水头变化如图 4-47 所示。

模型倾角 $\alpha=0°$，补给大于排泄时，管道水头随时间呈对数变化，补给小于排泄时，管道水头随时间呈阶梯状下降，产生阶梯状的原因是层面裂隙的开度比垂向裂隙的开度大，因此水流在层面裂隙中的流速较慢，导致水头间断性下降暂时变缓，水位下降因此呈现阶梯状。

模型倾角 $\alpha=5°$或 $\alpha=8°$，补给大于排泄时，管道水头随时间呈二次函数变化，补给小于排泄时，管道水头随时间呈直线下降，模型有倾角时，水流在层面裂隙中的流

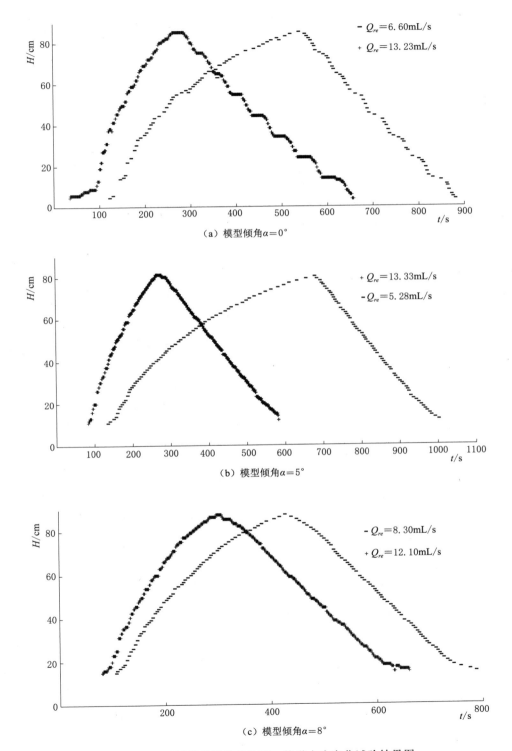

（a）模型倾角α=0°

（b）模型倾角α=5°

（c）模型倾角α=8°

图4-47 不同模型倾角条件下，管道水头变化试验结果图

速变快，与垂向裂隙流速之差变小甚至消失，从而使得管道水头下降呈直线而非阶梯形变化。

在实验室尺度下，无论含水层有无倾角，含水层初始饱和厚度对管道水头变化的影响均较小，在忽略的条件下，管道水头可由一族具有相同斜率的直线描述。

4.6　本章小结

本章主要对裂隙网络-管道双重介质水流运动规律进行了研究，主要结论如下：

（1）稳定流条件下，裂隙网络-管道双重介质水头分布基本呈平行线分布，相同位置高度处监测到的水头值几乎相等，靠近泉口的位置的水头值略小。不同位置高度处监测到的水头值由裂隙网络-管道双重介质试验装置的顶部至底部，依次减小。

（2）非稳定流条件下，无论装置有无落水洞，裂隙网络-管道双重介质试验装置上各个水头监测点监测到的水头值相差不大，即水头损失较小，而且不同坐标点处的水头在试验过程中的变化规律基本一致。以有落水洞情况下的落水洞水位，以及无落水洞情况下的底部管道水头为研究对象进行了进一步的分析研究。研究结果表明，补给大于排泄的条件下，含水层倾角 $\alpha = 0°$ 时，落水洞水位随时间呈对数变化，含水层倾角 $\alpha = 0°$ 时，落水洞水位随时间呈二次函数变化。补给小于排泄的条件下，含水层倾角 $\alpha = 0°$ 时，落水洞水位随时间呈阶梯状下降，含水层倾角 $\alpha = 0°$ 时，落水洞水位随时间呈直线下降。无论含水层有无倾角，含水层初始饱和厚度对落水洞水位的影响均很小。

（3）底部管道水头变化与落水洞水位变化类似。

（4）基于动量守恒以及能量守恒方程，推导得到了落水洞水位变化理论公式。

第 5 章

结 论 与 展 望

5.1 结论

　　裂隙网络-管道双重介质水流运动特征的研究不仅可以为西南岩溶地区水资源合理利用及生态水文过程机理研究等提供科学依据，而且可以推动裂隙网络-管道双重介质地下水运动规律的理论发展。由于裂隙网络-管道双重介质水流具有高度的非均质性，水流运动极其复杂，导致双重介质中的地下水流运动规律等基础理论研究十分薄弱。本书在结合相关课题研究成果的基础上，采用室内物理试验、理论分析以及数值模拟等手段开展裂隙网络-管道双重介质水流运动规律研究。本章对主要研究成果，主要创新点以及对该研究展望总结如下。

5.1.1 主要研究成果

　　(1) 物理模型研制。文章所设计研制的物理模型包括不同裂隙开度及裂隙宽度的闭合平行单裂隙物理模型（11 个）、不同转折角不同裂隙开度的复杂单裂隙（30个）以及裂隙网络-管道双重介质物理模型系统，裂隙网络-管道双重介质物理模型系统主要包括裂隙网络-管道双重介质模拟区，降雨补给系统，排泄系统以及数据采集系统。

　　(2) 利用自行设计的裂隙水头损失测量试验装置测量闭合平行单裂隙及复杂单裂隙水头损失，得到水头损失与流速之间的相关关系，基于这一相关关系，对裂隙、管道水流特征进行了识别，识别结果表明裂隙流开度小于 1.4635mm，管道流开度大于 1.8735mm，开度位于两者之间的为裂隙流和管道流的过渡区。然后结合数值模拟结果对立方定律在闭合平行单裂隙中的有效性进行了验证，并提出了极限流速和极限雷诺数的概念，提出了闭合平行裂隙中修正立方定律以及渗透系数计算公式。

　　(3) 进行了稳定流和非稳定流条件下裂隙网络-管道双重介质水头变化特征研究。稳定流条件下，水头等值线大致呈平行线分布，水头值由装置顶部到底部依次减小。非稳定流条件下，水头监测点监测到的水头值相差不大，而且变化规律相同。以有落水洞情况下的落水洞水位及没有落水洞情况下的管道水头为例进行了研究，并建立了相应的数学模型，研究结果表明：补给大于排泄，模型倾角为 0°时，落水洞水位随时间呈对数函数变化，模型倾角为 5°或 8°时，落水洞水位随时间呈二次函数变化。补给小于排泄，模型倾角为 0°时，落水洞水位随时间呈阶梯状变化，模型倾角为 5°或 8°时，落水洞水位随时间呈直线变化。

5.1.2　主要创新点

（1）建立了可视化自动化裂隙网络–管道双重介质物理试验模型，研制了双重介质水流运动特征的试验系统，该系统可以通过设置落水洞的有无、模型倾角的有无、开度的大小以及泉口大小来设置双重介质不同的空隙介质特征。

（2）揭示了落水洞水位以及底部管道水头对补给强度、含水层初始饱和厚度、模型倾角以及泉口大小的响应变化，建立了响应的数学模型，并进行了验证。

（3）测量了不同开度的裂隙水头损失，根据试验结果对裂隙流和管道流进行了识别，并利用有限元软件对裂隙水流进行了数值模拟，对立方定律在闭合裂隙中的应用进行了有效性验证，提出了修正的立方定律。

5.2　展望

岩溶含水介质的高度非均质性使得很多研究方法在复杂的岩溶含水系统研究中受到限制。由于时间和水平等因素的限制，本书所开展的相关研究在以下方面仍需进一步研究与提高：

（1）由于模型搭建以及时间精力等原因的限制，本书仅仅考虑了光滑双重介质模型，未考虑粗糙性对双重介质水力特性的影响，而裂隙壁面粗糙性对实际问题的研究具有重要的意义，在下一步的研究中可考虑壁面粗糙性的影响。

（2）本研究中的裂隙网络–管道双重介质物理模型的裂隙开度以及管道尺寸是固定的，虽然可以通过插入已知厚度的玻璃垫片改变裂隙开度和管道尺寸，但是由于时间和精力有限，并未考虑变裂隙开度和管道尺寸的双重介质模型，在下一步的研究中可考虑变裂隙开度和管道尺寸对双重介质水力特性的影响。

随着研究的不断深入，裂隙网络–管道双重介质水流水力特性的研究会不断发展和完善，尽管目前来看，双重介质物理试验模型的应用仍然处于初始阶段，随着计算机性能的提高和研究手段的丰富，双重介质水流水力特性理论研究将形成一套完整的体系，并将其应用到实际应用研究中。

参 考 文 献

[1] Zimmerman R W, Yeo I W. Fluid Flow in Rock Fractures: From the Navier Stokes Equations to the Cubic Law [J]. Dynamics of Fluids in Fractured Rock, 2000: 213 – 224.

[2] Oron A P, Berkowitz B. Flow in rock fractures: The local cubic law assumption reexamined [J]. Water Resources Research, 1998, 34 (11): 2811 – 2825.

[3] Zimmerman R W, Bodvarsson G S. Hydraulic conductivity of rock fractures [J]. Transport in Porous Media, 1996, 23 (1): 1 – 30.

[4] Moreno L, Tsang Y W, Tsang C F, et al. Flow and tracer transport in a single fracture: A stochastic model and its relation to some field observations [J]. Water Resources Research, 1988, 24 (12): 2033 – 2048.

[5] Brown S R. Fluid flow through rock joints: the effect of surface roughness [J]. Journal of Geophysical Research: Solid Earth, 1987, 92 (B2): 1337 – 1347.

[6] Schrauf T W, Evans D D. Laboratory Studies of Gas Flow Through a Single Natural Fracture [J]. Water Resources Research, 1986, 22 (7): 1038 – 1050.

[7] Tsang Y W. The effect of tortuosity on fluid flow through a single fracture [J]. Water Resources Research, 1984, 20 (9): 1209 – 1215.

[8] Hasegawa E, Izuchi H. On Steady Flow through a Channel Consisting of an Uneven Wall and a Plane Wall: Part 1. Case of No Relative Motion in Two Walls [J]. Bull Jap Soc Mech Eng, 1983, 26 (214): 514 – 520.

[9] Iwai K. Fundamental studies of fluid flow through a single fracture [D]. University of California, Berkeley, 1976.

[10] Sharp J C, Maini Y. Fundamental considerations on the hydraulic characteristics of joints in rock [C]. Proceeding of the International Symposium on Percolation through Fissured Rock. Stuttgart. 1972: 1 – 15.

[11] Brown S R, Stockman H W, Reeves S J. Applicability of the Reyn-

olds equation for modeling fluid flow between rough surfaces [J]. Geophysical Research Letters, 1995, 22 (18): 2537 – 2540.

[12] Mourzenko V V, Thovert J, Adler P M. Permeability of a single fracture: validity of the Reynolds equation [J]. Journal de Physique Ⅱ, 1995, 5 (3): 465 – 482.

[13] Brush D J, Thomson N R. Fluid flow in synthetic rough – walled fractures: Navier – Stokes, Stokes, and local cubic law simulations [J]. Water Resources Research, 2003, 39 (4): 1037 – 1041.

[14] Lomize G M. Flow in Fractured Rock [M]. Gosemergoizdat, Moscow, 1951: 127 – 129.

[15] Romm E S. Flow characteristics of fractured rocks [M]. Nedra Moscow, 1966.

[16] Louis C. A study of groundwater flow in jointed rock and its influence on the stability of rock masses [M]. London, Eng.: Imperial College of Science and Technology, 1969.

[17] Reynolds O. On the Theory of Lubrication and Its Application to Mr. Beauchamp Tower's Experiments, Including an Experimental Determination of the Viscosity of Olive Oil. [J]. Proceedings of the Royal Society of London, 1886, 40 (242 – 245): 191 – 203.

[18] Bird R B, Stewart W E, Lightfoot E N. Transport phenomena [J]. John Wiley & Sons, 1960, 28 (2): 338 – 359.

[19] Zimmerman R W, Al – Yaarubi A, Pain C C, et al. Non – linear regimes of fluid flow in rock fractures [J]. International Journal of Rock Mechanics and Mining Sciences, 2004 (41): 163 – 169.

[20] Zimmerman R W, Kumar S, Bodvarsson G S. Lubrication theory analysis of the permeability of rough – walled fractures [J]. International Journal of Rock Mechanics & Mining Sciences & Geomechanics Abstracts, 1991, 28 (91): 325 – 331.

[21] Neuzil C E, Tracy J V. Flow through fractures [J]. Water Resources Research, 1981, 17 (1): 191 – 199.

[22] Patir N, Cheng H S. An average flow model for determining effects of three – dimensional roughness on partial hydrodynamic lubrication [J]. Journal of Tribology, 1978, 100 (1): 12 – 17.

[23] Gelher L W. Applications of stochastic models to solute transport in fractured rocks [M]. SKB, 1987.

[24] Thompson M E, Brown S R. The effect of anisotropic surface rough-

ness on flow and transport in fractures [J]. Journal of Geophysical Research: Solid Earth, 1991, 96 (B13): 21923 – 21932.

[25] Brown S, Caprihan A, Hardy R. Experimental observation of fluid flow channels in a single fracture [J]. Journal of Geophysical Research: Solid Earth, 1998, 103 (B3): 5125 – 5132.

[26] Ge S. A governing equation for fluid flow in rough fractures [J]. Water Resources Research, 1997, 33 (1): 53 – 61.

[27] Koyama T, Neretnieks I, Jing L. A numerical study on differences in using Navier – Stokes and Reynolds equations for modeling the fluid flow and particle transport in single rock fractures with shear [J]. International Journal of Rock Mechanics & Mining Sciences, 2008, 45 (7): 1082 – 1101.

[28] Glass R J, Nicholl M J, Thompson M E. Comparison of measured and calculated permeability for a saturated, rough – walled fracture [J]. Eos Trans. AGU, 1991, 72 (44): 216.

[29] Reimus P W, Robinson B A, Glass R J. Aperture characteristics, saturated fluid – flow and tracer – transports calculations for a natural fracture [R]. American Nuclear Society, La Grange Park, IL (United States); American Society of Civil Engineers, New York, NY (United States), 1993.

[30] Nicholl M J, Rajaram H, Glass R J, et al. Saturated flow in a single fracture: Evaluation of the Reynolds equation in measured aperture fields [J]. Water Resources Research, 1999, 35 (11): 3361 – 3373.

[31] Boussinesq J. Mémoire sur l'influence des frottements dans les mouvements réguliers des fluides [J]. Journal de Mathématiques Pures et Appliquées, 1868: 377 – 424.

[32] Snow D T. A parallel plate model of fractured permeable media [D]. University of California, Berkeley, 1965.

[33] Jacob B. Dynamics of fluids in porous media [J]. Soil Science, 1972.

[34] Baker W J. Flow in Fissured Formations [C]. World Petroleum Congress, 1955.

[35] Louis C. A study of groundwater flow in jointed rock and its influence on the stability of rock masses [M]. London, Eng.: Imperial College of Science and Technology, 1969.

[36] Sharp J C. Fluid flow through fissured media [D]. Imperial College London (University of London), 1970.

[37] Gale J E. A numerical, field and laboratory study of flow in rocks with deformable fractures [J]. Inland Waters Directorate, 1977.

[38] Iwai K. Fundamental studies of fluid flow through a single fracture [D]. University of California, Berkeley, 1976.

[39] Walsh J B. Effect of pore pressure and confining pressure on fracture permeability [C]. Elsevier, 1981.

[40] 周创兵, 熊文林. 岩石节理的渗流广义立方定理 [J]. 岩土力学, 1996 (4): 1-7.

[41] Barton N, Bandis S, Bakhtar K. Strength, deformation and conductivity coupling of rock joints [J]. International Journal of Rock Mechanics & Mining Sciences & Geomechanics Abstracts, 1985, 22 (85): 121-140.

[42] Witherspoon P A, Wang J S Y, Iwai K, et al. Validity of Cubic Law for fluid flow in a deformable rock fracture [J]. Water Resources Research, 1980, 16 (6): 1016-1024.

[43] Tsang Y W. Hydromechanical behavior of a deformable rock fracture subject to normal stress [J]. Journal of Geophysical Research, 1981, 86 (B10): 9287-9298.

[44] Elsworth D, Goodman R E. Characterization of rock fissure hydraulic conductivity using idealized wall roughness profiles [C]. Elsevier, 1986.

[45] 王媛, 速宝玉, 徐志英. 粗糙裂隙渗流及其受应力作用的计算机模拟 [J]. 河海大学学报: 自然科学版, 1997 (6): 80-85.

[46] 潘国营, 韩星霞. 单一粗糙隙缝水流非线性运动实验 [J]. 重庆大学学报 (自然科学版), 2000 (z1): 207-209.

[47] 许光祥, 张永兴, 哈秋舲. 粗糙裂隙渗流的超立方和次立方定律及其试验研究 [J]. 水利学报, 2003, 3 (3): 74-79.

[48] 张束, 邢军, 张希巍. 岩体裂隙渗流特性的试验研究 [A] //第九届全国岩石力学与工程学术大会论文集 [C]. 2006.

[49] 卢占国, 姚军, 王殿生, 等. 平行裂缝中立方定律修正及临界速度计算 [J]. 实验室研究与探索, 2010, 29 (4): 14-19.

[50] Nikuradse J. Gesetzmäßigkeiten der turbulenten Strömung in glatten Rohren (Nachtrag) [J]. Forschung im Ingenieurwesen, 1933, 4 (1): 44.

[51] 赵坚, 赖苗, 沈振中. 适于岩溶地区渗流场计算的改进折算渗透系数法和变渗透系数法 [J]. 岩石力学与工程学报, 2005, 24 (8): 1341-1347.

[52]　Burman E，Hansbo P. A unified stabilized method for Stokes and Darcy's equations [J]. Journal of Computational and Applied Mathematics，2007，198（1）：35－51.

[53]　Burman E，Hansbo P. Stabilized Crouzeix Raviart element for the Darcy Stokes problem [J]. Numerical Methods for Partial Differential Equations，2005，21（5）：986－997.

[54]　王腊春，汪文富. 贵州普定后寨地下河流域岩溶水特征研究 [J]. 地理科学，2000，20（6）：557－562.

[55]　卢耀如，杰显义，张上林，等. 中国岩溶（喀斯特）发育规律及其若干水文地质工程地质条件 [J]. 地质学报，1973（1）：121－136.

[56]　钱家忠，杨立华，李如忠，等. 基岩裂隙系统中地下水运动物理模拟研究进展 [J]. 合肥工业大学学报（自然科学版），2003，26（4）：510－513.

[57]　崔光中，朱远峰，覃小群. 岩溶水系统的混合模拟——以北山岩溶水系统模拟为例 [J]. 中国岩溶，1988（3）：253－258.

[58]　李文兴，郭纯青. 岩溶管道水系统物理模拟——以岩滩水电站板文地下河系为例 [J]. 中国岩溶，1996（4）：351－357.

[59]　李文兴，王刚. 岩溶管道水流的等效管束组合模拟 [J]. 中国岩溶，1997（3）：227－233.

[60]　李耀祥，韦兵，李文兴. 百龙滩水电站库区岩溶内涝的物理模拟 [J]. 水电站设计，1999（3）：105－108.

[61]　耿克勤，陈凤翔. 岩体裂隙渗流水力特性的实验研究 [J]. 清华大学学报（自然科学版），1996（1）：102－106.

[62]　张祯武，吕文星. 岩溶水管流场与分散流场示踪识别研究 [J]. 工程勘察，1997（3）：42－45.

[63]　王恩志，孙役，黄远智，等. 三维离散裂隙网络渗流模型与实验模拟 [J]. 水利学报，2002（5）：37－40.

[64]　陈崇希，万军伟，詹红兵，等. "渗流-管流耦合模型"的物理模拟及其数值模拟 [J]. 水文地质工程地质，2004，31（8）：1－8.

[65]　沈振中，陈雳，赵坚. 岩溶管道与裂隙交叉渗流特性试验研究 [J]. 水利学报，2008，39（2）：137－145.

[66]　Faulkner J，Hu B X，Kish S，et al. Laboratory analog and numerical study of groundwater flow and solute transport in a karst aquifer with conduit and matrix domains [J]. Journal of Contaminant Hydrology，2009，110（1）：34－44.

[67] 季叶飞，束龙仓，董贵明，等. 基于物理试验的岩溶区 PSSK 转化关系研究 [J]. 水文地质工程地质，2010，2 (37)：91 - 94.

[68] 钱坤，方绍林，张林祥. 高速公路岩溶塌陷物理模拟试验研究 [J]. 公路交通科技（应用技术版），2014 (8)：137 - 139.

[69] White W B. A brief history of karst hydrogeology：contributions of the NSS [J]. Journal of Cave and Karst Studies，2007，69 (1)：13 - 26.

[70] Kaufmann G. A model comparison of karst aquifer evolution for different matrix - flow formulations [J]. Journal of Hydrology，2003，283 (1)：281 - 289.

[71] Ashby W R. An introduction to cybernetics [J]. An Introduction to Cybernetics，1956，22 (12)：1421.

[72] Labat D，Ababou R，Mangin A. Linear and nonlinear input/output models for karstic springflow and flood prediction at different time scales [J]. Stochastic Environmental Research and Risk Assessment，1999，13 (5)：337 - 364.

[73] Dreiss S J. Linear unit - response functions as indicators of recharge areas for large karst springs [J]. Journal of Hydrology，1983，61 (1)：31 - 44.

[74] Dreiss S J. Linear Kernels for karst aquifers [J]. Water Resources Research，1982，18 (4)：865 - 876.

[75] Lambrakis N，Andreou A S，Polydoropoulos P，et al. Nonlinear analysis and forecasting of a brackish karstic spring [J]. Water Resources Research，2000，36 (4)：875 - 884.

[76] Kurtulus B，Razack M. Modeling daily discharge responses of a large karstic aquifer using soft computing methods：artificial neural network and neuro - fuzzy [J]. Journal of Hydrology，2010，381 (1)：101 - 111.

[77] Hu C，Hao Y，Yeh T C J，et al. Simulation of spring flows from a karst aquifer with an artificial neural network [J]. Hydrological Processes，2008，22 (5)：596 - 604.

[78] Paleologos E K，Skitzi I，Katsifarakis K，et al. Neural network simulation of spring flow in karst environments [J]. Stochastic Environmental Research and Risk Assessment，2013，27 (8)：1829 - 1837.

[79] Wicks C M，Hoke J A. Linear systems approach to modeling

groundwater flow and solute transport through karstic basins [C]. DTIC Document，1999.

[80] Denic Jukic V，Jukiv D. Composite transfer functions for karst aquifers [J]. Journal of Hydrology，2003，274 (1)：80 – 94.

[81] Scanlon B R，Mace R E，Barrett M E，et al. Can we simulate regional groundwater flow in a karst system using equivalent porous media models? Case study，Barton Springs Edwards aquifer，USA [J]. Journal of Hydrology，2003，276 (1)：137 – 158.

[82] Maillet E. Sur les fonctions monodromes et les nombres transcendants [J]. Journal de Mathématiques Pures et Appliquées，1904：275 – 363.

[83] Fleury P，Plagnes V，Bakalowicz M. Modelling of the functioning of karst aquifers with a reservoir model：Application to Fontaine de Vaucluse (South of France) [J]. Journal of Hydrology，2007，345 (1)：38 – 49.

[84] Arikan A. MODALP：a deterministic rainfall – runoff model for large karstic areas [J]. Hydrological Sciences Journal，1988，33 (4)：401 – 414.

[85] Bonacci O，Bojanic D. Rhythmic karst springs [J]. Hydrological Sciences Journal，1991，36 (1)：35 – 47.

[86] Jukić D，Denićjukić V. Groundwater balance estimation in karst by using a conceptual rainfall – runoff model [J]. Journal of Hydrology，2009，373 (3 – 4)：302 – 315.

[87] Tritz S，Guinot V，Jourde H. Modelling the behaviour of a karst system catchment using non – linear hysteretic conceptual model [J]. Journal of Hydrology，2011，397 (3)：250 – 262.

[88] Coppola Jr E，Szidarovszky F，Poulton M，et al. Artificial neural network approach for predicting transient water levels in a multilayered groundwater system under variable state，pumping，and climate conditions [J]. Journal of Hydrologic Engineering，2003，8 (6)：348 – 360.

[89] Ghasemizadeh R，Hellweger F，Butscher C，et al. Review：Groundwater flow and transport modeling of karst aquifers，with particular reference to the North Coast Limestone aquifer system of Puerto Rico [J]. Hydrogeology Journal，2012，20 (8)：1441 – 1461.

[90] 朱岳明. 裂隙岩体渗流研究述评 [J]. 河海科技进展，1991 (2)：16 – 25.

［91］ Cacas M C，Ledoux E，Marsily G D，et al. Modeling fracture flow with a stochastic discrete fracture network：Calibration and validation：1. The Flow mode ［J］. Water Resources Research，1990，26（3）：479－489.

［92］ Dverstorp B，Andersson J，Nordqvist W. Discrete fracture network interpretation of field tracer migration in sparsely fractured rock ［J］. Water Resources Research，1992，28（9）：2327－2343.

［93］ 仵彦卿. 岩体水力学概述 ［J］. 地质灾害与环境保护，1995（1）：57－64.

［94］ 仵彦卿. 岩体水力学基础（五）——岩体渗流场与应力场耦合的裂隙网络模型 ［J］. 水文地质工程地质，1997（5）：41－45.

［95］ 速宝玉，詹美礼，郭笑娥. 交叉裂隙水流的模型实验研究 ［J］. 水利学报，1997（5）：1－6.

［96］ Dershowitz W S，Fidelibus C. Derivation of equivalent pipe network analogues for three dimensional discrete fracture networks by the boundary element method ［J］. Water Resources Research，1999，35（9）：2685－2691.

［97］ 陈雾. 岩溶与裂隙交叉渗流特性试验及数值模拟研究 ［D］. 南京：河海大学，2006.

［98］ Ghasemizadeh R，Hellweger F，Butscher C，et al. Review：Groundwater flow and transport modeling of karst aquifers，with particular reference of the North Coast Limestone aquifer system of Puerto Rico ［J］. Hydrogeology Journal，2012，20（8）：1441－1461.

［99］ Quinn J J，Tomasko D，Kuiper J A. Modeling complex flow in a karst aquifer ［J］. Sedimentary Geology，2006，184（3）：343－351.

［100］ Wilson C R，Witherspoon P A，Long J，et al. Large-scale hydraulic conductivity measurements in fractured granite ［C］. Elsevier，1983.

［101］ Neuzil C E，Tracy J V. Flow through fractures ［J］. Water Resources Research，1981，17（1）：191－199.

［102］ Louis C. Rock hydraulics ［M］. Rock mechanics，Springer，1972，299－387.

［103］ Snow D T. Anisotropie permeability of fractured media ［J］. Water Resources Research，1969，5（6）：1273－1289.

[104] Barenblatt G I, Zheltov I P, Kochina I N. Basic concepts in the theory of seepage of homogeneous liquids in fissured rocks [strata] [J]. Journal of Applied Mathematics and Mechanics, 1960, 24 (5): 1286 - 1303.

[105] Warren J E, Root P J. The behavior of naturally fractured reservoirs [J]. Society of Petroleum Engineers Journal, 1963, 3 (3): 245 - 255.

[106] Khaled M. Y. , Beskos D. E. , Aifantis E. C. On the theory of consolidation with double porosity Ⅱ A finite element formulation [J]. International Journal for Numerical and Analytical Methods in Geomechanics, 1984, 8 (2): 101 - 123.

[107] Streltsova T D. Well testing in heterogeneous formations [J]. New York, Joho Wiley and Sons Inc. , 1987.

[108] 夏日元, 郭纯青. 岩溶地下水系统单元网络数学模拟方法研究 [J]. 中国岩溶, 1992 (4): 267 - 278.

[109] Fujio K. A macroscopic momentum equation for flow in porous media of dual structure [J]. Proceeding of Japan, 2000, 6 (26): 837 - 841.

[110] Cornation F, Perrochet P. Analytical 1D dual - porosity equivalent solutions to 3D discrete single - continuum models. Application to karstic spring hydrograph modelling [J]. Journal of Hydrology, 2002, 262 (1): 165 - 176.

[111] 吴世艳, 周启友, 杨国勇, 等. 双重介质模型在岩溶地下水流动系统模拟中的应用 [J]. 水文地质工程地质, 2008 (6): 16 - 21.

[112] 董贵明, 束龙仓, 王茂枚, 等. 渗流-水平井流耦合数学模型和数值模拟 [J]. 水科学进展, 2009 (6): 830 - 837.

[113] Kordilla J, Sauter M, Reimann T, et al. Simulation of saturated and unsaturated flow in karst systems at catchment scale using a double continuum approach [J]. Hydrology and Earth System Sciences, 2012, 16 (10): 3909 - 3923.

[114] Abdassah D, Ershaghi I. Triple - porosity systems for representing naturally fractured reservoirs [J]. SPE Formation Evaluation, 1986, 1 (2): 113 - 127.

[115] Jalali Y, Ershaghi I. Pressure transient analysis of heterogeneous naturally fractured reservoirs [C]. Society of Petroleum Engineers, 1987.

[116] 陈崇希. 岩溶管道-裂隙-孔隙三重空隙介质地下水流模型及模拟方法研究 [J]. 地球科学, 1995, 20 (4): 361 - 366.

[117] 成建梅, 陈陆希. 广西北山岩溶管道-裂隙-孔隙地下水流数值模拟初探 [J]. 水文地质工程地质, 1998 (4): 50 - 54.

[118] 潘国营, 邓清海, 闫芙蓉. 预测矿坑突水量的广义三重空隙介质渗流模型 [J]. 煤炭学报, 2003 (5): 509 - 512.

[119] 姜媛媛, 沈振中, 郭娜, 等. 岩溶-裂隙介质渗流的三重介质模型 [J]. 中国科学技术大学学报, 2004 (z1): 361 - 366.

[120] 赵坚, 赖苗, 沈振中. 适于岩溶地区渗流场计算的改进折算渗透系数法和变渗透系数法 [J]. 岩石力学与工程学报, 2005 (8): 1341 - 1347.

[121] 束龙仓, 陶玉飞, 董贵明, 等. 岩溶多重介质泉水流量衰减过程的室内模拟及分析 [J]. 工程勘察, 2008 (9): 32 - 35.

[122] 董贵明, 束龙仓, 田娟, 等. 西南岩溶地下河系统水流运动数值模型 [J]. 吉林大学学报: 地球科学版, 2011, 4 (4): 1136 - 1143.

[123] 常勇, 刘玲. 岩溶地区水文模型综述 [J]. 工程勘察, 2015, 43 (3): 37 - 44.

[124] Kiraly, Morel L. Remarques sur l' hydrogramme des sources karstiques simulé par modèles mathématiques [J]. Bulletin du Centre d' Hydrogéologie, 1976 (1): 37 - 60.

[125] Hu B X. Examining a coupled continuum pipe - flow model for groundwater flow and solute transport in a karst aquifer [J]. Acta carsologica, 2010, 39 (2): 347 - 358.

[126] Bauer S, Liedl R, Sauter M. Modeling of karst aquifer genesis: Influence of exchange flow [J]. Water Resources Research, 2003, 39 (10): 371 - 375.

[127] Liedl R, Sauter M, Hückinghaus D, et al. Simulation of the development of karst aquifers using a coupled continuum pipe flow model [J]. Water Resources Research, 2003, 39 (3): 597 - 676.

[128] Shoemaker W B, Kuniansky E L, Birk S, et al. Documentation of a conduit flow process (CFP) for MODFLOW - 2005 [M]. Techniques & Methods, 2008.

[129] Kuniansky E L, Halford K J, Shoemaker W B. Permeameter data verify new turbulence process for Modflow [J]. Groundwater, 2008, 46 (5): 768 - 771.

［130］ Shoemaker W B，Cunningham K J，Kuniansky E L，et al. Effects of turbulence on hydraulic heads and parameter sensitivities in preferential groundwater flow layers ［J］. Water Resources Research，2008，44（3）：380－384.

［131］ Hill M E，Stewart M T，Martin A. Evaluation of the MODFLOW 2005 Conduit Flow Process ［J］. Groundwater，2010，48（4）：549－559.

［132］ Gallegos J J. Modeling groundwater flow in karst aquifers：an evaluation of MODFLOW－CFP at the laboratory and sub－regional scales ［D］. Florida State University，2011.

［133］ 蒋宇静，李博，王刚，等. 岩石裂隙渗流特性试验研究的新进展 ［J］. 岩石力学与工程学报，2009，27（12）：2377－2386.

［134］ 杨剑明，张兆干，王祥，等. 贵州普定后寨地下河流域地下含水空间结构特征 ［J］. 中国岩溶，1996（3）：246－252.

［135］ 杨立铮. 地下河流域岩溶水天然资源类型及评价方法 ［J］. 水文地质工程地质，1982（4）：22－25.

［136］ 章宝华. 流体力学 ［M］. 北京：北京大学出版社，2013.

［137］ Qian J，Zhan H，Zhao W，et al. Experimental study of turbulent unconfined groundwater flow in a single fracture ［J］. Journal of Hydrology，2005，311（1）：134－142.

［138］ Kiraly L. Modelling karst aquifers by the combined discrete channel and continuum approach ［J］. Bulletin Dydroglogie，1998，16：77－98.

［139］ White W B. Geomorphology and hydrology of karst terrains ［M］. Politics，1988.

［140］ Ford D C，Ewers R O. The development of limestone cave systems in the dimensions of length and depth ［J］. Canadian Journal of Earth Sciences，1978，15（11）：1783－1798.

［141］ Civita M V. An improved method for delineating source protection zones for karst springs based on analysis of recession curve data ［J］. Hydrogeology Journal，2008，16（5）：855－869.

［142］ Kong－A－Siou L，Cros K，Johannet A，et al. Knox method，or Knowledge Extraction from neural network model. Case study on the Lez karst aquifer（southern France）［J］. Journal of Hydrology，2013（507）：19－32.

［143］ Ghasemizadeh R，Hellweger F，Butscher C，et al. Review：Groundwater flow and transport modeling of karst aquifers, with particular reference to the North Coast Limestone aquifer system of puerto Rico [J]. Hydrogeology Journal, 2012, 20 (8): 1441 - 1461.

[144] Gallegos J J, Hu B X, Davis H. Simulating flow in karst aquifers at laboratory and sub - regional scales using MODFLOW - CFP. Hydrogeol [J]. Hydrogeology Journal, 2013, 21 (8): 1749 - 1760.

[145] Criss R E, Winston W E. Hydrograph for small basins following intense storms [J]. Geophysical Research Letters, 2003, 30 (30): 41 - 47.

[146] Liu L, Shu L, Chen X, et al. Rainfall - Driven Spring Hydrograph Modeling in a Karstic Water System, Southwestern China [J]. Water Resources Management, 2010, 24 (11): 2689 - 2701.

[147] Jukić D, Denić- Jukić V. Groundwater balance estimation in karst by using a conceptual rainfall - runoff mode [J]. Journal of Hydrology, 2009, 373 (s3 - 4): 302 - 315.

[148] Tritz S, Guinot V, Jourde H. Modelling the behaviour of a karst system catchment using nonlinear hysteretic conceptual model [J]. Journal of Hydrology, 2011, 397 (3): 250 - 262.

[149] Kurtulus B, Razack M. Evaluation of the ability of and artificial neural network nodel to simulate the input - output responses of a large karstic aquifer: the La Rochefoucauld aquifer (Charente, France) [J]. Hydrogeology Journal, 2007, 15 (2): 241 - 254.

[150] Siou L K A, Johannet A, Borrell V, et al. Complexity selection of a neural network model for karst flood forecasting: The case of the Lez Basin (southern France) [J]. Journal of Hydrology, 2011, 403 (s3 - 4): 367 - 380.

[151] Padilla A, Pulido - Bosch A. Study of hydrographs of karstic aquifers by means of correlation and cross - spectral analysis [J]. Journal of Hydrology, 1995, 168 (s1 - 4) 73 - 89.

[152] Labat D, Ababou R, Mangin A. Rainfall - runoff relations for karstic springs. Part II: continuous wavelet and discrete orthogonal multiresolution analyses [J]. Journal of Hydrology, 2000, 238 (s3 - 4): 149 - 178.

[153] Coppola E A, Rana A J, Poulton M M, et al. A neural network model for predicting aquifer water level elevations [J]. Groundwa-

ter, 2005, 43 (2): 231 – 241.

[154] Feng S, Kang S, Huo Z, et al. Neural Networks to Simulate Regional Ground Water Levels Affected by Human Activities [J]. Groundwater, 2007, 46 (1): 80 – 90.

[155] Lallahem S, Mania J, Hani A, et al. On the use of neural networks to evaluate groundwater levels in fractured media [J]. Journal of Hydrology, 2005, 307 (s1 – 4): 92 – 111.

[156] Nayak P C, Rao Y R S, Sudheer K P. Groundwater Level Forecasting in a Shallow Aquifer Using Artificial Neural Network Approach [J]. Water Resources Management, 2006, 20 (1): 77 – 90.

[157] Trichakis I C, Nikoloc I K, Karatzas G P. Optimal Selection of Artificial Neural Network Parameters for the Prediction of a Karstic Aquifer's Response [J]. Hydrological Processes, 2009, 23 (20): 2956 – 2969.

[158] Trichakis I C, Nikolos I K, Karatzas G P. Artificial Neural Network (ANN) Based Modeling for Karstic Groundwater Level Simulation [J]. Water Resources Management, 2011, 25 (25): 1143 – 1152.

[159] Campbell C W, Sullivan S M. Simulating time – varying cave flow and water levels using the Storm Water Management Mode [J]. Engineering Geology, 2002, 65 (s2 – 3): 133 – 139.

[160] Peterson E W, Wicks C M. Assessing the importance of conduit grometry and physical parameters in karst systems using the storm water management model (SWMM) [J]. Journal of Hydrology, 2006, 329 (1): 294 – 305.

[161] Fan Y, Huo X, Hao Y, et al. An assembled extreme value statistical model of karst spring discharge [J]. Journal of Hydrology, 2013, 504 (8): 57 – 68.

[162] Pochon A, Tripet J P, Kozel R, et al. Groundwater protection in fractured media: A vulnerability – based approach for delineating protection zones in Switzerland [J]. Hydrogeology Journal, 2008, 16 (7): 1267 – 1281.

[163] Katsanou K, Maramathas A, Lambrakis N. The use of hydrographs in the study of the water regime of the Louros watershed karst formations [M]. Advances in the Research of Aquatic Environment, Springer, 2011: 493 – 501.